과학이 우주를 만났을 때

과학이 우주를 만났을 때

초판 발행 2023년 9월 30일

지은이 | 제임스 진스
옮긴이 | 권혁
발행인 | 권오현

펴낸곳 | 돋을새김
주소 | 경기도 고양시 일산동구 하늘마을로 57-9 301호 (중산동, K시티빌딩)
전화 | 031-977-1854 팩스 | 031-976-1856
홈페이지 | http://blog.naver.com/doduls 전자우편 | doduls@naver.com
등록 | 1997.12.15. 제300-1997-140호
인쇄 | 금강인쇄(주)(031-943-0082)

ISBN 978-89-6167-342-6 (03400)
Korean Translation Copyright ⓒ 2023, 권혁

값 16,800원

과학이 우주를 만났을 때

제임스 진스 | 권혁 옮김

돋을새김

제4장 상대성과 에테르

제5장 심연 속으로

서문

이 책은 1930년 11월 케임브리지 대학에서 있었던 리드 강연의 내용을 확장한 것이다.

천문학과 물리학의 새로운 가르침이 우주 전체에 대한 우리의 사고방식 그리고 삶의 의미에 대한 우리의 견해에 엄청난 변화를 가져올 것이라는 확신이 널리 퍼져 있다.

지금 다루려고 하는 문제는 결국 철학적 논의를 위한 것이지만, 철학자가 발언권을 갖기 전에 과학이 먼저 확인된 사실과 잠정적 가설에 대해 할 수 있는 모든 것을 말하도록 요청해야 한다. 그런 다음에야 비로소 토론이 본격적으로 철학의 영역으로 넘어갈 수 있다.

이런 생각들을 유념하면서, 이미 이 주제를 다룬 엄청나게 많은 글들이 있는데 굳이 내가 덧붙일 만한 정당한 이유가 있는지를 줄곧 의심하면서 이 책을 썼다. 나는 단순한 구경꾼이 가질 수 있는 유리한 입장 말고는 특별한 자격을 주장할 수 없다. 그동안 배워온 것이나 성향상 철학자는 아니며 나의 과학적 연구는 오랫동안 논쟁적인 물리이론의 영역 밖에 머물고 있었다.

이 책의 주요 부분을 구성하는 앞의 네 개 장에는 철학적인 토론에 유용한 자료를 제공할 수 있는 매우 광범위한 과학적 질문들을 간략하게 논의한 내용이 담겨 있다.

이 책이 전작인 〈우리 주변의 우주〉의 속편으로 읽힐 수 있기를 바라기 때문에 가능한 한 전작과 겹치는 부분은 피했다. 그러나 이 책이 그 자체로 완결성을 갖도록 주요 논증에 필수적인 자료는 예외를 두었다.

마지막 장은 다른 차원에 서 있다. 모든 사람은 현대 과학이 제시하는 사실로부터 자신만의 결론을 도출할 권리를 주장할 수 있다. 이 장에는 철학적 사고의 영역에 문외한인 내가 이 책의 주요 부분에서 논의한 과학적 사실과 가설에 대해 내린 해석이 담겨 있을 뿐이다. 많은 사람들이 그것에 동의하지 않겠지만, 마지막 장은 바로 그런 목적으로 작성되었다.

– 제임스 H. 진스, 1930

소크라테스 자, 이제 우리의 본성이 얼마나 계발되었는지 혹은 미개한지를 한 장의 그림으로 보여주겠네. 여길 보게! 인간들이 지하 동굴에 살고 있네. 동굴 안쪽에 죄수들이 앉아 있는데 그들의 사지와 목은 어렸을 때부터 묶여 있네. 그래서 꼼작도 못 하고 자신의 앞만 바라볼 수밖에 없지. 그들 뒤쪽의 동굴 입구 쪽에는 횃불이 타오르고 있고 이 횃불과 죄수들 사이에는 나지막한 담장이 세워져 있네. 꼭두각시 인형극을 할 수 있는 휘장과 같은 것이고, 공연자들은 그 위로 꼭두각시 인형들을 보여주겠지.

글라우콘 알겠습니다.

소크라테스 그리고 그 담장과 횃불 사이의 길을 따라 사람들이 모든 종류의 그릇과 조각상, 나무와 돌로 만든 동물상 등 온갖 물품들을 들고 지나다니고 있고, 그것들이 담장 위로 보이겠지.

글라우콘 선생님께선 참으로 묘한 곳에 있는 죄수들의 형상을 보여주시는군요.

소크라테스 따지고 보면 우리와 같은 사람들이지. 이 죄수들은 벽면에 비친 자신들의 그림자와 횃불이 동굴의 반대편 벽에 비추는 그림자들만 볼 수 있지 않겠나?

글라우콘 그들이 고개를 돌릴 수 없는 한 그림자 외에는 볼 수 없겠지요.

소크라테스 그러니까, 그들은 벽면에 나타나는 그림자만 존재한다고 여기지 않겠나?

글라우콘 그렇겠지요.

소크라테스 나는 그들에게 진실은 말 그대로 그 형상들의 그림자일 뿐이라고 말할 것이네.

― 플라톤, 《국가론, 제7권》

● 제1차 솔베이 회의Solvay Conferences
당대의 가장 위대한 물리학자들이 모여 주요한 물리학 주제를 발표하고 토론하는 학회로 지금도 개최되고 있다. 현대 물리학의 전환점이 된 1911년 역사적인 첫 번째 솔베이 회의의 주제는 방사선과 양자였다. 참석자는 제임스 진스와 앙리 푸앵카레, 마리 퀴리, 아인슈타인, 막스 플랑크, 러더퍼드 등으로 이미 노벨상을 수상했거나 수상 예정인 과학자 9명이 포함되어 있었다.

제1장 죽어가는 태양

태양계의 탄생

지구보다 전혀 크지 않은 별들도 있지만 대부분은 수십만 개의 지구를 채워 넣고도 공간이 남을 정도로 크다. 우리는 수백만 개의 지구를 담을 수 있을 만큼 거대한 별들을 곳곳에서 발견한다. 이 우주에는 이 세상의 모든 해변에 있는 모래 알갱이들만큼이나 많은 별들이 있다. 이것이 바로 우주 전체의 물질과 비교했을 때 우주에서 차지하는 우리 지구의 왜소함이다.

이처럼 엄청나게 많은 별들이 우주를 떠돌고 있다. 집단을 이루어 무리지어 여행하는 별들도 있지만 대부분은 외로운 여행자들이다. 너무 넓어서 다른 별 가까이에 다가서는 것은 거의 상상할 수 없을 정도로 희귀한 사건이 되는 우주를 여행하고 있다. 그래서 각자의 여행은 대부분 텅 빈 바다에 떠 있는 한 척의

배처럼 화려한 고립 속에 이루어진다.

별들을 선박으로 표현한 축소모형(縮小模型) 속에서 평균적인 배는 가장 가까운 이웃으로부터 백만 마일 이상 떨어진 곳에 있다. 그리하여 소리쳐 부를 만한 거리에서 다른 배를 거의 찾지 못하는 이유를 쉽게 이해할 수 있다.

그럼에도 우리는 약 2십억 년 전에 이런 희귀한 사건이 일어 났다고 믿는다.* 정처 없이 공간을 가로지르던 두 번째 별이 태양과 아주 가까운 거리에 다가서게 되었다는 것이다. 태양과 달이 지구에 조류를 일으키는 것처럼, 이 두 번째 별은 태양의 표면에 조류를 일으켰을 것이다. 하지만 그 조류는 질량이 적은 달이 지구의 바다에 일으키는 미약한 조류와는 전혀 다른 것이었다.

거대한 조류의 물결이 태양의 표면을 가로질러 이동했을 것이며, 결국에는 엄청나게 높은 산을 만들었고, 소란을 일으킨 별이 가까이 다가올수록 그 산은 점점 더 높이 우뚝 솟아올랐을 것이다. 그리고 그 두 번째 별이 물러나기도 전에 조수의 힘이 너무 강력해지면서 파도의 물마루가 물보라를 떨쳐내듯 산이 산산조각 나면서 작은 파편들이 떨어져 나왔을 것이다.

---

* 태양계의 기원에 대한 여러 가지 가설이 있다. 이것은 1916년 저자인 제임스 진스가 주장한 '조석설(潮汐說)'이다.

그 이후로 이런 작은 파편들이 부모인 태양의 주변을 돌고 있다. 그 파편들이 바로 크거나 작은 행성이며 그것들 중의 하나가 우리의 지구다.

태양을 비롯한 별들은 모두 엄청나게 뜨겁다. 생명체를 간직하거나 발을 붙이고 서 있기에는 너무 뜨겁다. 태양에서 떨어져 나온 파편들도 역시 처음에는 무척이나 뜨거웠다.

행성들은 서서히 식었으며, 본래의 열이 지금까지 아주 조금 남아 있을 뿐이다. 행성들의 온기는 거의 대부분 태양이 쏟아내는 방사선에서 얻고 있다.

시간이 흐르면서 이렇게 식어가던 파편들 중의 한 곳에서 생명이 탄생하게 되었지만, 우리는 그 방법과 시기 또는 이유는 모르고 있다. 그것은 번식과 죽음 외에는 생명력이 거의 없는 단순 유기체에서 시작되었다. 하지만 이런 미미한 시작에서 생명의 흐름이 나타났으며, 점점 더 복잡하게 발달하면서 대부분 감정과 야망, 미적 가치 그리고 가장 높은 희망과 고귀한 열망이 깃든 종교를 중심으로 삶을 영위하는 존재로 완결되었다.

생명체의 탄생

비록 확실하게 말할 수는 없지만, 인류는 어느 정도는 이런 방식으로 나타나게 되었던 것으로 보인다. 모래알갱이의 극히 작은 파편 위에 서서, 우리는 자연을 발견하고 공간과 시간으로 지구를 둘러싸고 있는 우주의 목적을 발견하려 시도한다. 인류가 처음으로 느낀 것은 공포와 비슷한 것이었다.

우리가 우주를 무서워하는 것은 무의미할 정도로 광막한 거리 때문이며, 눈 깜빡할 사이에 인류의 역사를 왜소하게 만드는 상상할 수 없을 정도로 끝없이 펼쳐지는 시간의 풍경 때문이다. 우리의 극단적인 고립과 이 세상에 있는 모든 모래알 중 어느 한 알갱이의 백만분의 1 정도를 차지하고 있는 우리 지구의 물질적인 하찮음 때문에 무섭다. 하지만 무엇보다, 우주가 우리와 같은 생명체에게 아무런 관심도 없는 것처럼 보인다는 것 때문에 무섭다.

감정, 야망 그리고 성취, 예술과 종교는 모두 다 한결같이 우주의 계획과는 아무런 관련이 없어 보인다. 어쩌면 우주가 실제로는 우리와 같은 생명체에 적극적으로 반대하는 것처럼 보인다고 말해야 할 것이다.

대부분의 경우 텅 빈 우주공간은 너무 추워서 그 안의 생명체들은 모두 얼어버린다. 우주공간 속의 대부분의 물질은 생명체가 살기에는 너무 뜨겁다. 가지각색의 방사선이 우주공간을 가로지르며, 천체들은 끊임없이 충격을 받는다. 이런 일들은 대부분 생명에 불리하거나 심지어는 생명을 파괴할 것이다.

우리는 반드시 실수는 아닐지라도 적어도 사고라고 적절하게 표현될 수 있는 결과로서 그런 우주 속으로 우연히 들어섰다. 이런 단어를 사용한다 해서 지구가 존재한다는 것이 놀라운 일이라고 생각할 필요는 없다. 사고는 언제든 일어날 것이며, 만약 이 우주가 충분히 오랫동안 지속된다면 상상할 수 있는 사건들은 모두 언젠가는 일어날 가능성이 있기 때문이다.

헉슬리Huxley는 원숭이 여섯 마리에게 수십억 년 동안 무작정 타자기를 두들기도록 한다면 언젠가는 영국박물관에 있는 모든 책들을 다 쓰게 될 것이라고 했다.

만약 어느 특정한 원숭이가 입력한 마지막 페이지를 검토해보고 마구잡이로 두들겨댄 그것에서 우연히 셰익스피어의 소네트를 발견한다면, 우리는 그 뜻밖의 일을 당연히 놀랄 만한 사건으로 생각할 것이다. 하지만 원숭이들이 수백만 년 동안 만들어놓은 수백만 페이지들을 모두 꼼꼼히 살펴본다면, 그것들 중 어딘가에서 맹목적인 우연의 결과물인 셰익스피어의 소네트를 찾아내게 될 것이 분명하다.

이와 동일한 방법으로 우주공간을 수십억 년 동안 무작위로 떠돌고 있는 수많은 별들은 온갖 종류의 사건과 마주칠 수밖에 없다. 일부 별들은 태양계를 태어나게 했던 특별한 종류의 사건과 마주칠 수밖에 없다. 그러나 계산 결과 이것들은 하늘에 있는 별들 전체와 비교하면 지극히 적은 수일뿐이다. 태양계는 우주 공간에서 지극히 희귀한 대상일 뿐이다.

태양계의 이런 희귀성은 중요하다. 우리가 알고 있는 한, 지구 위에 있는 것과 같은 생명체는 지구와 같은 행성들 위에서만 생길 수 있기 때문이다. 생명이 등장하기 위해서는 적절한 물리적 조건들이 필요하며, 그 중에서도 물질이 유동적인 상태에서 존재할 수 있는 온도가 가장 중요하다.

별들 자체는 너무 뜨거워 생명체가 살기에는 적합하지 않다. 우주공간 전체에 흩어져 있는 별들은 기껏 해야 절대영도*보다 4도 정도 높은 지역과 그보다 온도가 더 낮은 은하수 너머의 광활한 지역에 온기를 제공하는 방대한 불덩어리들의 모음이라 생각할 수 있다.

그 불덩이들과 멀리 떨어져 있는 곳은 영하 수백 도로 상상하

---

* 물질 내부의 무질서한 원자운동이 사라지는 절대온도의 기준온도. 섭씨 −273.15℃

기 어려울 정도로 추우며, 가까운 곳은 수천 도의 온도로 모든 고체들은 녹아내리고, 액체들은 모두 끓어오른다.

생명체는 지극히 한정된 거리에서 이런 불덩이들이 둘러싸고 있는 좁은 온대 내에서만 존재할 수 있다. 이러한 구역의 외부에 있는 생명체는 얼어붙어버릴 것이며, 내부에 있다면 오그라들고 말 것이다. 어림잡아 계산해보면, 생명체가 존재할 수 있는 이런 구역들을 모두 합치면 전체 우주공간의 수십조 분의 1도 되지 않는다. 그리고 그 내부일지라도 생명체는 대단히 희귀하게 발생한다. 우리의 태양이 그랬듯이 태양들에서 행성들이 떨어져 나오는 것은 너무나도 유별난 사건이기 때문이다. 어쩌면 10만 개의 별들 중 하나 정도만이 생명이 가능한 좁은 구역 내에서 공전하는 행성을 거느리고 있을 것이다.

단지 이런 이유 때문에 우주가 우리와 같은 생명체를 우선적으로 만들어내기 위해 설계되었다는 것은 믿을 수 없다고 보아야 한다. 만약 그랬다면 우리는 분명 메커니즘의 크기와 생성물의 양 사이에서 더 나은 비율을 찾을 수 있을 것이라고 기대했을 것이다. 어찌되었든 언뜻 보기에 생명체는 전혀 중요하지 않은 부산물로 보인다. 살아 있는 생명체인 우리는 아무래도 주요한 계통에서는 벗어나 있는 것이다.

우리는 적절한 물리적 조건만으로 생명을 만들어낼 수 있는지 알 수 없다. 어느 학파는 지구가 서서히 식어가므로 생명이 나타나는 것은 자연스러우며, 실제로 거의 불가피하다는 견해를 견지한다. 다른 학파는 한 가지 사고 이후에 지구가 존재하게 되었으며, 생명을 만들어내기 위해선 두 번째 사고가 필요하다고 주장한다.

생명체는 평범한 원자로 구성되어 있다

생명체의 물질적인 구성성분은 완벽하게 통상적인 화학원자들이다. 검댕이나 그을음에 있는 탄소, 물에서 발견하는 수소와 산소, 대기의 대부분을 구성하는 질소와 같은 것들이다. 생명에 필요한 모든 종류의 원자는 새로 태어난 지구에 있어야만 한다.

이따금씩, 원자의 집단은 살아 있는 세포에 배열되어 있는 것과 동일한 방식으로 우연하게 스스로 배열된다. 실제로, 충분한 시간이 주어진다면 여섯 마리의 원숭이가 셰익스피어의 소네트를 찍어낼 것이 분명한 것처럼 충분한 시간이 주어진다면 원자들은 그렇게 배열될 것이다.

하지만 그 후에는 원자들이 살아 있는 세포가 되는 것일까? 다시 말해, 살아 있는 세포는 단순히 평범하지 않은 방식으로 배열된 평범한 원자들의 집단인 것일까? 아니면 그 외의 무엇일까? 그것이 단순히 원자들일까 아니면 원자들에 생명이 더해진 것일까?

또는 다른 식으로 말해서 한 소년이 '장난감 조립세트'로 기계를 만들어 움직이게 할 수 있는 것처럼 숙련된 화학자가 필수적인 원자들로 생명을 만들어낼 수 있는 것일까? 우리는 그 답을 모른다. 이것이 우주의 다른 곳에 우리와 같은 생명체가 살고 있는지를 알려주는 것이라면, 그래서 생명의 의미에 대한 우리의 해석에 커다란 영향을 끼치는 것이라면, 갈릴레오의 천문학이나 다윈의 생물학보다 더 엄청난 생각의 혁명을 일으키게 될 것이다.

하지만 우리는 생명체가 지극히 평범한 원자들로 구성되어 있지만 대단히 큰 다발 또는 '분자'로 응고하는 특별한 능력이 있는 주요 원자들로 구성되어 있다는 것을 알고 있다.

대부분의 원자에는 이런 특성이 없다. 예를 들어, 수소와 산소는 결합하여 수소 분자를 만들어내고(H_2 또는 H_3), 산소나 오존 분자를 만들어내고(O_2 또는 O_3), 물 분자를 만들어내고(H_2O), 또는 과산화수소(H_2O_2)를 만들어내지만 네 가지 이상의 원자를 포함하는 화합물은 없다.

질소의 첨가가 이런 상황을 크게 변화시키지는 않는다. 수소, 산소 그리고 질소의 화합물은 모두 상대적으로 적은 수의 원자들을 포함하고 있다. 하지만 탄소의 첨가는 이 상황을 완전히 바꿔버린다. 수소, 산소, 질소와 탄소의 원자들은 결합하여 수백, 수천 그리고 심지어 수만 개의 원자를 포함하는 분자들을 만들어낸다.

생명체를 주로 형성하고 있는 것은 이런 분자들이다. 한 세기 전까지만 해도 생명체를 구성하는 이런 여러 물질들을 만들어내기 위해서는 일반적으로 어떤 '생명력'이 필요하다고 생각했다. 당시에 빌러Wohler는 실험실에서 일반적인 화학 합성의 과정을 통해 전형적인 동물의 생성물인 요소(尿素, CH_4N_2O)를 만들어냈으며, 생명체의 추가 성분들을 적절하게 합성해냈다.

우연한 결과일 뿐

한때 '생명력'이라고 생각했던 현상들이 지금은 물리학과 화학의 일반적인 과정의 작용이라는 것이 알려지고 있다. 비록 이 문제가 여전히 해결책과는 거리가 멀지만, 생명체의 물질로 특별하게 구별되었던 것들이 '생명력'이 아니라 언제나 다른 원자들과 함께 특별히 커다란 분자들을 형성하는 지극히 평범한 요소인 탄소의 존재라는 것이 점점 더 그럴 듯해지고 있다.

만약 이것이 사실이라면, 우주에 존재하는 생명은 단지 탄소 원자가 어떤 예외적인 특성을 갖고 있기 때문이다. 어쩌면 탄소는 금속과 비금속 사이에서 일종의 전이를 형성하는 것으로 화학적으로는 주목할 만하지만, 지금까지 탄소 원자의 물리적 성질에서 다른 원자들을 결합하는 매우 특별한 능력에 대해서는 설명하지 못하고 있다.

태양을 중심으로 여섯 개의 행성들이 돌고 있는 것처럼 탄소 원자는 중심핵과 그 주변을 돌고 있는 여섯 개의 전자로 구성되어 있다. 화학 원소표에서 가장 가까운 원자는 붕소와 질소인데, 붕소보다는 전자가 한 개 더 많고 질소보다는 한 개가 더 적다는 것만이 다를 뿐이다. 하지만 이런 미세한 차이가 생명의 존재와 부재 사이의 모든 차이를 설명하는 마지막 수단이다. 6개의 전자가 있는 이 원자가 이런 놀라운 특성을 갖고 있는 이유는 분명 궁극의 자연법칙 어딘가에 있겠지만, 수리물리학은 아직 그것을 알아내지 못하고 있다.

이와 유사한 경우들도 있다. 철에서는 자기(磁氣) 현상들이 엄청나게 많이 나타나지만, 이웃에 있는 니켈과 코발트에서는 그보다 적게 나타난다. 이 원소들의 원자는 각각 26, 27 그리고 28개의 전자를 갖고 있다. 이에 비해 다른 모든 원자들의 자기적 특성은 거의 무시할 수 있을 정도이다. 그렇지만 수리물리학은 다시 한 번 그 자기성이 어떻게 26, 27, 28개인 전자 원자의 독특한 특성에 의존하는지를 아직 해명하지 못하고 있으며, 특히 26개의 경우가 그렇다. 사소한 예외를 제외하고 방사능은 83개에서 92개의 전자들을 갖고 있는 원자들에 국한되는 세 번째 경우이지만 우리는 다시 한 번 그 이유를 모르고 있다.

그래서 화학은 생명을 단지 자기와 방사능과 동일한 카테고리에 놓아둔다는 정도만을 알려줄 수 있을 뿐이다. 우주는 일정한 법칙들에 따라 작동하도록 만들어져 있다. 이런 법칙들의 결과로서 6개 그리고 26개에서 28개 그리고 83개에서 92개의 한정된 수의 전자들을 갖고 있는 원자들이 각각 생명과 자기와 방사능이라는 현상들에서 나타나는 특별한 특성을 갖고 있다.

그 어떤 한계도 없는 전능한 창조자는 현재의 우주에 널리 퍼져 있는 법칙들에 제한을 받지는 않았을 것이다. 그는 이 우주를 헤아릴 수 없이 많은 법칙들의 모음들 중에서 어떤 한 가지를 따라 만들도록 선택했을 것이다. 만약 다른 법칙들의 모음이 선택되었다면, 다른 특별한 원자들이 다른 특성들과 결합되었을 것이다. 무엇이라 정확히 말할 수는 없지만, 방사능이나 자기 또는 생명이 우선적으로 그 모음에 포함되었을 가능성은 없어 보인다.

화학은 자기나 방사능과 마찬가지로 생명은 단순히 현재의 우주를 지배하고 있는 특별한 법칙들이 모인 우연한 결과라고 제시한다.

또 다시 이 '우연한'이라는 단어는 공격받을 수도 있다. 만약 이 우주의 창조자가 생명의 출현을 이끌기 위해 어떤 특별한 법칙들의 모음을 선택한 것이라면 어떻게 할 것인가? 이것이 그의 생명 창조의 방식이라면 어떻게 할 것인가?

우리가 창조자를 우리 자신과 같은 감정과 이해관계로 활동하는 인간 같은 존재의 확장이라고 생각하는 한, 그 공격에 대처할 수는 없을 것이다. 일단 그런 창조자가 전제된다면 이미 가정된 것에는 그 어떤 주장도 충분히 덧붙일 수 없다는 말만 할 수 있을 뿐이다.

하지만 우리의 정신 속에서 의인화의 흔적을 모두 지워버린다면, 현재의 법칙들이 생명을 만들어내기 위해 특별히 선택된 것이라고 가정할 이유는 전혀 없다. 예를 들어, 그것들은 자기나 방사능을 만들어내기 위해 선택되었을 가능성이 있다.

우주에서는 모든 면에서 물리학이 생물학보다 비교가 되지 않을 정도로 더 큰 역할을 하기 때문에 실제로 그럴 가능성이 더 크다. 엄격하게 물질적인 관점에서 보자면, 생명의 완전한 하찮음은 위대한 우주설계자의 특별한 관심을 끌었다는 생각은 모두 없애버려야 할 정도인 것으로 보인다.

사소한 비유를 통해 이 상황을 보다 명확하게 이해할 수 있다. 매듭 묶는 것에 익숙한 상상력이 둔한 뱃사람은 만약 매듭 묶는 것이 불가능하다면 바다를 건너는 일은 불가능하다고 생각할 것이다. 그런데 매듭 묶는 능력이 3차원의 공간에 한정되어 있다면, 그 어떤 매듭도 1, 2, 4, 5차원이나 그 밖의 차원의 공간에서는 묶을 수가 없게 된다.

이 사실로부터 상상력이 둔한 우리의 뱃사람은 자비로운 창조자가 뱃사람을 특별히 보호하고 있는 것이 분명하며, 그가 만들어낸 우주에서 매듭묶기와 바다 건너기가 가능하도록 우주공간은 3차원이 되어야만 한다고 선택했던 것이라고 추론하게 될 것이다. 간단히 말해, 우주공간은 3차원이기 때문에 뱃사람이 있을 수 있다는 것이다.

이 비유와 위의 개략적인 주장은 거의 동일한 수준으로 보인다. 모든 생명과 매듭 묶는 능력은 모두 물질적인 우주의 전체 활동에서 아무런 의미도 없는 파편보다 더 나을 것이 없는 수준이기 때문이다.

현재의 과학이 우리에게 알려줄 수 있는 한, 우리가 존재하게 된 놀라운 방식이란 겨우 이 정도의 일이다. 그리고 우리의 기원에서부터 존재하는 목적에 대한 이해에 이르기까지, 또는 인류에게 준비된 최후의 운명을 예견하는 데까지 나아가려 시도한다면 우리의 당혹감은 더욱 커져갈 뿐이다.

우리가 알고 있는 종류의 생명체는 오직 빛과 열의 적절한 조건 속에서만 존재할 수 있다. 단지 지구가 태양으로부터 정확하게 적절한 양의 방사선을 받기 때문에 우리는 존재할 수 있다. 과도하거나 부족하거나 어떤 방향으로도든 균형이 깨진다면 생명은 지구에서 사라지게 된다. 그리고 이런 상황의 핵심은 이 균형이 매우 쉽사리 깨진다는 것이다.

우주에는 단 한 가지 최후만 있다

지구의 온대지역에 살고 있던 원시인은 서서히 닥쳐오는 빙하시대를 공포 속에 지켜보았을 것이다. 빙하들은 해마다 계곡 안쪽으로 더욱 더 깊숙이 내려오고, 겨울마다 태양은 생명체에 필요한 온기를 제대로 전달하지 못하는 것으로 보였을 것이다. 우리에게 그렇듯이 원시인은 이 우주가 생명체에 적대적이라고 보았을 것이다.

태양 주변의 비좁은 온대지역에 살면서 먼 미래를 응시하고 있는 오늘날의 우리는 전혀 다른 종류의 빙하시대를 보고 있다.

호수 깊숙한 곳에 서서 익사는 겨우 면하고 있지만 갈증으로 죽게 될 운명이었던 탄탈루스가 그랬듯이, 우주의 물질 대부분은 여전히 너무 뜨거워서 생명체가 발붙일 수 없는 반면, 추위로 죽을 운명인 것이 바로 우리 종족의 비극이다.

외부에서 열을 공급받지 못하는 태양은 필연적으로 생명에 필요한 방사선을 점점 더 적게 방출할 것이다. 그렇게 되면 유일하게 생명체가 존재할 수 있는 우주공간의 온대지역은 태양 주변으로 더 가까이 다가가야만 한다.

생명이 가능한 거주지로 남아 있기 위해 지구는 죽어가는 태양에 더 가까이 이동할 필요가 있다. 하지만 과학이 알려주듯이, 안쪽으로 이동하기는커녕 냉혹한 역학법칙은 지금도 지구를 태양 변두리의 차갑고 어두운 곳으로 더욱 더 멀리 내몰고 있다. 그리고 현재 확인할 수 있듯이, 어떤 천체의 충돌이나 대변동이 개입하여 생명을 더욱 빠르게 파괴하지 않는다면, 결국 생명체가 얼어서 지구에서 사라질 때까지 계속 밀어낼 것이다.

이렇게 예견된 운명은 지구에서만 일어나는 일이 아니다. 다른 태양들도 우리의 태양처럼 죽을 것이며 다른 행성들에 있을 생명도 모두 똑같이 불명예스러운 최후를 맞이하게 될 것이다.

물리학도 천문학과 똑같은 이야기를 들려준다. 모든 천문학적 고찰과는 관계없이, 열역학 제2법칙으로 알려진 일반적인 물리학 원리는 우주에는 단 한 가지 최후만이 있을 수 있다고 예측한다. 즉 우주의 전체 에너지가 균등하게 분포되고 우주의 모든 물질들이 똑같은 온도가 되는 '열역학적 죽음'(엔트로피가 최대가 되는 열 평형 상태)을 맞이하게 된다.

이 온도는 생명체가 살 수 없을 정도로 너무 낮다. 어떤 특별한 길을 따라 이런 최종 상태에 도달하는지는 아무런 문제가 되지 않는다. 모든 길은 로마로 통하며 여행의 끝은 우주적인 죽음 외의 다른 것이 될 수 없다.

그렇다면 이런 모든 것이 생명은, 어느 모로 보나 생명에 아무런 관심이 없거나 명확하게 적대적이며, 생명을 위해 설계된 것도 아닌 우주 속으로 거의 실수로 들어서게 되었다는 것일까? 모래알 하나의 어느 부스러기에 들러붙어, 비좁은 무대에서 미약한 시간을 우리의 열망이 모두 좌절될 운명이라는 지식을 뽐내며 얼어서 사라질 때까지 머문다는 것일까? 우리가 성취한 것들도 우리의 종족과 더불어 소멸되어 마치 존재한 적도 없었던 것처럼 우주를 떠난다는 것일까?

천문학이 이런 질문들을 제시했지만, 답을 구하기 위해서는 주로 물리학에 의존해야 한다. 천문학은 현재의 우주 배치에 대해 그리고 공간의 광대함과 진공 그리고 그곳에서 우리의 하찮음에 대해 말해줄 수 있지만, 물리학은 시간이 흐르면서 만들어지는 변화들의 성질과 관련된 것들까지 말해줄 수 있다. 하지만 우리의 질문에 대한 답을 찾을 것이라고 기대할 수 있으려면 사물의 근본적인 성질에 대해 더 깊이 파고들어야 한다.

이것은 천문학의 영역이 아니다. 오히려 우리의 탐색은 현대 물리학의 핵심 속으로 안내한다는 것을 알게 될 것이다.

제2장 현대 물리학의 새로운 세상

인과율의 등장

원시인은 자연이 유별나게 당혹스럽고 난해하다는 것을 알게 되었을 것이다. 가장 단순한 현상들은 무한히 반복된다고 믿을 수 있었다. 즉, 받쳐지지 않은 물체는 반드시 떨어졌으며, 물속으로 던진 돌은 가라앉으며, 나무 조각은 물 위에 떠올랐다. 하지만 더 많은 복잡한 현상들은 그런 한결같음을 전혀 보이지 않았다.

숲 속의 나무 한 그루에는 번개가 떨어졌지만 그 옆에 있는 그와 비슷하게 자란 똑같은 크기의 나무는 멀쩡했다. 어느 달에는 새로운 달이 뜨면 날씨가 맑았지만 다음 달에는 흐렸다.

어느 모로 보나 자신만큼이나 변덕스러운 자연계를 마주치게 된 인간의 첫 번째 충동은 자연을 자신의 형상으로 만들어내려는 것이었다.

불규칙하고 무질서하게 보이는 우주의 행로를 신들의 변덕과 열정 또는 친절하거나 심술궂은 요정들의 소행이라고 생각했다. 충분히 연구한 후가 되어서야 비로소 위대한 인과율(因果律)이 등장했다. 머지않아 비동물계 전체를 인과율이 지배하고 있으며, 작용에서 완전히 분리될 수 있는 원인은 반드시 동일한 결과를 만들어낸다는 것이 밝혀졌다.

어떤 순간에 일어난 일은 외부 존재들의 의지가 아니라, 필연적으로 그 이전 순간의 상황에서부터 움직일 수 없는 법칙들을 따른다. 그리고 이런 상황은 불가피하게 앞선 상태에 의해 순서대로 결정되며, 틀림없이 그렇게 계속되므로 사건의 전체 과정은 변함없이 그 사건의 첫 번째 순간에 나타났던 상태에 의해 결정된다.

일단 이런 과정이 정착되면 자연은 오직 한 가지 길을 따라 정해진 최후를 향해 움직일 수 있을 뿐이다. 한마디로 말해, 창조 행위는 우주를 창조했을 뿐만 아니라 미래의 역사까지 모두 창조했던 것이다.

비록 논리나 과학이나 경험보다 본능에 좌우되었지만 인간은 여전히 자신의 의지로 사건들의 진행과정에 영향을 끼칠 수 있다고 믿고 있었다. 하지만 이제는 과거에 인간이 초자연적인 존재의 행위라고 생각했던 사건들을 모두 인과율이 지배하게 되었다.

이 법칙이 최종적으로 자연의 가장 중요한 지도원리(指導原理)로 확립된 것은 갈릴레오와 뉴턴의 위대한 세기인 17세기의 업적이었다. 하늘에 나타나던 유령은 단순히 보편적인 광학법칙의 결과라는 것이 밝혀졌으며, 지금까지 제국의 몰락이나 왕의 죽음을 타나내는 징조로 여겼던 혜성은 보편적인 중력법칙에 따른 움직임이라는 것이 증명되었다.

뉴턴은 이렇게 썼다.

"그리고 나머지 자연 현상들도 비슷한 추론에 의해 역학적인 원리들로부터 연역될 수 있다."

우주는 기계다

이것으로부터 물질우주 전체를 하나의 기계로 해석하기 위한 움직임이 나타나 19세기 후반에 정점에 이를 때까지 지속적으로 영향력을 얻었다. 당시에 헬름홀츠Helmholtz는 이렇게 주장했다. '모든 자연과학의 최종적인 목적은 그 자체를 역학으로 환원하는 것이다.' 그리고 켈빈 경Lord Kelvin은 자신이 역학모델로 만들 수 없는 것은 아무것도 이해할 수 없다고 고백했다.

그는 19세기의 많은 위대한 과학자들처럼 공학 분야에서 두각을 나타냈으며, 다른 과학자들도 노력했다면 그렇게 할 수 있었을 것이다.

공학−과학자의 시대였다. 그들의 우선적인 야망은 자연계 전체의 역학모델을 만들어내는 것이었다. 워터스톤Waterston과 맥스웰Maxwell은 기체의 특성을 매우 성공적으로 기계와 비슷한 특성으로 설명했다. 기체는 강철보다 더 단단한 수많은 둥글고 매끄러운 미세한 구체들로 구성되어 전쟁터에서 비 오듯 쏟아지는 총알처럼 날아다니는 기계라는 것이었다.

예를 들어, 기체의 압력은 재빠르게 날아다니는 총알들의 충돌에서 비롯되며, 쏟아지는 우박이 텐트의 지붕 위에 가하는 압력 같은 것이다. 기체를 통해 소리가 전달될 때, 이러한 총알들이 전달자가 된다.

액체와 고체 역시 기계의 특성으로 설명하기 위한 비슷한 시도가 있었지만 대부분 성공적이지 못했으며, 빛과 중력의 경우에는 전혀 성공하지 못했다. 하지만 이런 성공의 결핍도 우주가 궁극적으로는 순전히 기계적이라는 해석을 인정해야 한다는 믿음을 흔들지는 못했다. 단지 엄청난 노력이 필요할 뿐이며 비동물계(非動物界) 전체는 결국 완벽하게 작동하는 기계로 드러나게 될 것이라고 믿었다.

이것은 모두 생명에 대한 인간의 해석과 분명한 관계가 있었다. 인과율의 확장과 자연에 대한 기계적인 해석의 성공은 자유의지에 대한 믿음을 더욱 어렵게 만들었다. 만약 자연 전체가 인과의 법칙을 따른다면 생명은 왜 제외되어야 하는 것일까?

그런 고찰로부터 17세기와 18세기의 기계론적 철학들이 나타났으며, 자연스러운 반작용으로 관념론 철학들이 그 뒤를 이었다. 과학은 전체 물질세계를 하나의 거대한 기계로 보는 기계론적 견해를 선호하는 것으로 보였다. 이와는 대조적으로 관념론적 견해는 세상을 관념으로 구성되어 있는 관념의 창조물로 보려고 했다.

19세기 초까지는 생명과 비동물계는 완전히 분리되어 있다는 생각이 여전히 적절한 과학 지식이었다. 그 무렵 살아 있는 세포는 정확하게 비생물 물질과 동일한 화학 원자로 이루어져 있으므로, 아마 동일한 자연법칙을 따를 것이라는 발견이 있었다. 이 발견은 우리의 몸과 뇌의 특별한 원자들이 왜 인과의 법칙에서 면제되어야 하는가라는 질문으로 이어졌다.

생명 자체는 결국 순전히 기계적이라는 본질이 입증될 것이라고 추측할 뿐만 아니라 심지어는 강력하게 주장되기 시작했다. 뉴턴과 바흐 또는 미켈란젤로의 정신은 단지 인쇄기계나 호

루라기 또는 증기톱과 복잡성만이 다를 뿐 전체적인 기능은 외부로부터 받는 자극에 정확하게 반응한다는 것이었다.

그런 신조는 선택과 자유의지의 작용을 위한 여지가 전혀 없었기 때문에, 도덕성의 근거를 모두 없애버렸다. 바울이 사울과 달라지겠다고 선택한 것이 아니라, 다를 수밖에 없었던 것이며, 다른 외부적인 자극들에 영향을 받았다는 것이었다.

방사선과 양자이론

세기가 바뀌면서 과학적 견해는 거의 변화무쌍할 정도로 재편되었다. 초기의 과학자들은 감각으로 직접 파악할 수 있을 정도로 커다란 물질을 덩어리 상태로만 연구할 수 있었다. 그들이 실험할 수 있었던 가장 작은 물질은 수십 억 개의 분자로 이루어진 것이었다. 이런 크기의 물질은 분명 기계적인 방식으로 움직였지만, 단일한 분자들도 똑같은 방식으로 움직일 것이라는 보장은 없었다. 군중의 행동과 군중을 구성하는 개인들의 행동 사이에는 엄청난 차이가 있다는 것은 누구나 알고 있다.

19세기 말에 처음으로 단일한 분자와 원자 그리고 전자의 성질을 연구할 수 있게 되었다. 19세기의 과학은 특정한 현상들, 특히 방사선과 중력을 순전히 기계적으로 설명하려는 모든 시도가 의미 없다는 것을 발견하기에 충분할 정도로 발달했다.

철학자들은 여전히 뉴턴의 생각과 바흐의 감정 또는 미켈란젤로의 영감을 재현할 기계를 만들어낼 수 있는지를 두고 논쟁하고 있었지만, 대부분의 과학자는 양초의 빛이나 떨어지는 사과를 재현할 수 있는 기계는 만들 수 없다고 빠르게 확신하기 시작했다.

19세기의 마지막 달에 베를린의 막스 플랑크Max Planck 교수는 당시까지 전혀 해석하지 못하고 있던 방사선의 특정한 현상들에 대한 시험적인 설명을 제시했다. 그의 설명은 본질적으로 비기계적이었을 뿐만 아니라, 기계적인 사고방식과 연결하는 것도 불가능해 보였다.

주로 이런 이유로 그의 설명은 비난과 공격을 받았으며 심지어 조롱을 당하기도 했다. 하지만 그의 설명은 눈부신 성공을 거두었고 결국 현대물리학의 지배적인 원리들 중의 한 가지인 '양자이론'으로 발전했다. 비록 당시에는 명확하게 인식하지 못했지만, 과학에서는 이미 기계론 시대의 종말과 새로운 시대의 개막을 알리는 사건이었다.

초기 형태의 플랑크 이론은 자연이 시계의 바늘들처럼 미세한 도약과 약동으로 진행된다고 제시하는 수준을 넘어서지는 못했다. 하지만 비록 끊임없이 나아가지는 못하지만, 시계는 궁극적으로 순전히 기계적인 특성을 갖고 있으며 절대적으로 인과율을 따른다.

1917년에 아인슈타인은 플랑크가 세운 이론이 적어도 첫눈에는 단순한 불연속성이기보다 훨씬 더 혁명적인 결과를 일으키는 것으로 보인다고 밝혔다. 이것은 지금까지 자연계의 경로를 안내한다는 인과율의 지위를 박탈하는 것으로 보였다.

과거의 과학은 자연이 오직 한 가지 길만을 따를 수 있으며, 그 길은 시간의 시작부터 끝까지 원인과 결과의 부단한 사슬에 의해 면밀히 계획되어 있다고 자신만만하게 주장했다.

즉, A의 상태는 필연적으로 B의 상태로 이어진다는 것이었다. 지금까지 새로운 과학은 A상태는 B나 C, D 또는 무수한 다른 상태들로 이어질 수 있다는 정도만 말할 수 있다. 물론 C가 B보다 더 가능성이 있고, D보다는 C가 더 가능성이 있다는 식으로 말할 수 있으며, 심지어 B, C, D 상태의 상대적인 확률을 명시할 수도 있다.

하지만 확률이라는 조건으로 말해야만 하기 때문에 어떤 상태가 어떤 상태를 따르게 될 것인지는 명확하게 예측할 수는 없다. 신들이 있든지 없든지, 이것은 신들의 무릎에 놓여 있는 문제였다.

이것을 보다 명확하게 설명해주는 구체적인 예가 있다. 라듐을 비롯한 방사성 물질들의 원자는 단순히 시간의 경과와 함께 납과 헬륨의 원자로 붕괴되어 라듐 덩어리는 끊임없이 양이 감소하면서 납과 헬륨으로 대체된다. 감소율을 지배하는 법칙은 대단히 주목할 만하다.

라듐은 출생은 없고 나이와 상관없이 모든 개인의 사망률이 일정할 때의 인구와 정확하게 똑같은 방식으로 양이 줄어든다. 다시 말해, 철저히 닥치는 대로 마구잡이로 쏟아지는 포격을 맞고 있는 전투부대원과 똑같은 방식으로 줄어든다. 한마디로 개별적인 라듐 원자에게는 나이가 아무런 의미도 없는 것으로 보인다. 즉, 그동안 살아왔기 때문에 죽는 것이 아니라 오히려 어떤 면에서는 운명이 문을 두드리고 있기 때문이었다.

자연붕괴 가설

구체적인 예를 들기 위해, 방 안에 2천 개의 라듐 원자가 있다고 가정해보자. 과학은 1년의 시간이 지난 후에 얼마나 많이 남아 있을 것인지를 말할 수 없다. 단지 2000, 1999, 1998개… 등으로 상대적인 가능성을 말해줄 수 있을 뿐이다. 사실 가장 가능성이 높은 결과는 1999개일 것이다. 2000개의 원자들 중

단 한 개만이 다음 해에 붕괴될 확률이 가장 높다.

우리는 이 특별한 원자가 어떤 방식으로 2000개 중에서 선택된 것인지 모른다. 우선 주변과 가장 심하게 부딪치거나 가장 뜨거운 곳에 들어서게 되거나 그와 비슷한 상황에 놓인 원자일 것이라고 추측하고 싶겠지만 그럴 수는 없다. 만약 충돌이나 열이 하나의 원자를 붕괴시킬 수 있다면 다른 1999개도 붕괴시킬 수 있을 것이기 때문에, 라듐 원자를 단순히 압축하거나 가열하는 것만으로도 붕괴를 촉진시킬 수 있어야 하는 것이다.

물리학자들은 모두 이것은 불가능할 것이라고 믿는다. 오히려 해마다 운명이 2000개의 모든 라듐 원자의 문을 두드리고 분해해버리려 한다고 믿는다. 이것이 1903년에 러더퍼드Rutherford와 소디Soddy가 내놓은 '자연붕괴' 가설이다.

물론 역사의 경로는 반복될 수 있으며, 더 완벽한 지식에 비추어 볼 때, 인과법칙의 불가피한 작용으로 자연에서 다시 한 번 명백한 변덕이 생긴 것으로 밝혀질 수도 있다.

일상생활에서 확률이라는 조건으로 말하는 것은 단순히 우리의 지식이 불완전하다는 것을 보여주는 것일 뿐이다. 즉, 우리는 내일 비가 올 것 같다고 말할 수 있지만, 대서양에서 동쪽으로 강한 저기압이 다가오고 있다는 것을 알고 있는 기상전문가는 자신 있게 비가 올 것이라고 말할 수 있다.

말의 다리가 부러졌다는 것을 주인은 알고 있는데, 우리는 그 경주마의 승산을 따져보고 있을 수 있다. 이와 똑같은 방식으로 새로운 물리학이 확률에 의존하는 것은 자연의 진정한 메커니즘에 대한 무지를 감추려는 것일 수 있다.

한 가지 예로 어떻게 이런 일이 일어나는지를 보여줄 수 있다. 현 세기의 초기에 맥레넌McLennan, 러더퍼드와 같은 사람들이 지구의 대기에서 고체를 관통하는 대단히 강력한 힘을 지닌 새로운 형태의 방사선을 검출했다. 통상적인 빛은 불투명체를 1인치 정도만 꿰뚫을 수 있으며, 종이나 심지어 그보다 더 얇은 금속막으로 막아낼 수 있다.

X선은 투과력이 훨씬 더 커서, 손은 물론 몸 전체를 통과해 외과의사가 뼈를 촬영할 수도 있지만 동전 두께의 금속으로 완벽하게 차단할 수 있다. 하지만 매클레넌과 러더퍼드가 발견한 방사선(감마선)은 상당히 두꺼운 납이나 밀도가 높은 금속도 관통할 수 있었다.

지금 우리는 일반적으로 '우주선(宇宙線)'이라 부르는 대부분의 방사선이 대기권 밖에서 온다는 것을 알고 있다. 지구 위에는 많은 양의 방사선이 떨어지며 그 파괴력은 강력하다. 방사선은 매초마다 대기와 우리 몸에 있는 수백만 개의 원자들을 파괴한다. 이 방사선이 생식질(生殖質, 염색체와 유전자)에 떨어지면서 진화의 현대 이론에 필요한 돌발적인 생물학적 변종을 만들어 냈을 것이라는 주장이 제기되었다. 원숭이를 인간으로 변환시킨 것이 우주선일 수도 있다는 것이다.

똑같은 방식으로 한때는 우주방사선이 방사성 원자에 떨어지는 것이 붕괴의 원인일 것이라고 추측했다. 이 방사선은 운명처럼 떨어지면서 시시때때로 원자들을 두들겨, 무차별 포격에 노출된 병사들처럼 원자들을 굴복시키는 것으로, 원자들이 소멸되는 비율을 결정하는 법칙으로 설명되었다.

이런 추측은 방사능 물질을 탄광 속으로 가지고 내려가는 간단한 도구에 의해 반증되었다. 우주방사선을 완전하게 차단했지만 그 이전과 똑같은 비율로 계속 붕괴되었던 것이다.

이 가설은 폐기되었지만 아마 많은 물리학자들은 방사성 붕괴에서 소멸시키는 역할을 하는 다른 물리적 매개체가 아직 발견되지 않은 것이라 기대하고 있을 것이다. 그때 전자들의 소멸률은 분명 이 매개체의 강도와 비례할 것이다. 하지만 다른 유사한 현상들이 훨씬 더 큰 어려움들을 야기시켰다.

그런 어려움들 중에는 평범한 전구에서 빛이 발산되는 익숙한 현상이 있다. 기초적인 원리는 뜨거운 필라멘트가 발전기에서 에너지를 받아 방사선으로 방출되는 것이다. 필라멘트 내부에서 수백만 개의 원자의 전자들이 자신들의 궤도를 빙빙 돌다가 이따금씩 갑자기 그리고 거의 불연속적으로 하나의 궤도에서 다른 궤도로 튀어 오르며, 가끔은 빛을 방출하고 가끔은 흡수되면서, 방사가 진행된다. 1917년에 아인슈타인은 이러한 갑작스러운 도약(jump)의 통계학이라고 설명될 수 있는 것을 연구했다.

당연히 일부는 방사 자체와 필라멘트의 열에 의해 발생되었다. 하지만 이것들이 필라멘트가 방출하는 방사선 전체에 대한 설명이 되기엔 충분하지 않았다. 아인슈타인은 그 외에도 다른 도약도 있으며 이러한 도약이 라듐 원자의 붕괴처럼 자연스럽게 발생해야 한다는 것을 발견했다.

만약 이 경우에 어떤 통상적인 물리적 매개체가 소멸의 역할을 한다면, 그것의 힘은 필라멘트에 의한 방사선 방출의 강도에 영향을 끼쳐야 한다. 하지만 우리가 알고 있는 한 방사선의 강도는 알려진 자연의 상수들에만 의존한다. 상수들은 멀리 떨어진 곳에 있는 별들처럼 여기에서도 똑같다. 그리고 이것은 외부적인 매개체가 간섭할 여지는 전혀 없는 것으로 보인다.

어쩌면 이렇게 자연스럽게 발생하는 붕괴 또는 도약의 본질을 알아보기 위해 어떤 상황을 구성해볼 수도 있을 것이다.

완전한 한 벌의 카드를 받는 사람이 나오면 즉시 해산하기로 한 네 명의 카드 플레이어 일행과 원자들을 비교해보는 것이다.

수백만에 달하는 그런 일행들을 수용하고 있는 방은 방사성 물질 덩어리로 간주한다. 그 다음으로 각각의 패가 돌려지는 사이에 카드가 완전히 섞인다는 한 가지 조건으로 정확한 방사성 붕괴의 법칙에 따라 카드 플레이어 일행들의 수가 줄어드는 것을 보여줄 수 있다.

만약 카드가 적절하게 섞인다면, 카드 플레이어들에게 시간의 흐름 그리고 과거는 아무런 의미도 없을 것이다. 카드가 섞이는 매 시간마다 상황은 다시 시작되기 때문이다. 따라서 라듐 원자와 마찬가지로 천 번 당 소멸률은 일정할 것이다.

하지만 카드가 섞이지 않는다면, 각각의 판은 필연적으로 앞선 판들을 따라갈 수밖에 없으며, 인과율의 오래된 법칙과 비슷한 결과를 얻게 된다. 여기에서 플레이어의 수가 감소되는 비율은 실제로 방사성 붕괴에서 관찰되는 것과는 다를 것이다.

우리는 카드가 지속적으로 섞인다는 가정에 의해서만 이것을 재현할 수 있으며, 카드를 섞는 사람은 우리가 운명이라 부르는 그것일 것이다.

따라서 아직은 확실한 지식이 없지만, 지금까지 운명보다 더 나은 명칭을 찾지 못하고 있는 어떤 요인이 자연에서 작동하여 오래된 인과율의 엄격한 필연성을 무력화시킬 가능성이 있을 것으로 보인다.

우리가 생각해왔듯이 미래는 과거에 의해 변경할 수 없도록 결정되어 있는 것이 아닐 수도 있다. 적어도 부분적으로는 어떤 신이 되었든 그의 무릎 위에 놓여 있을 것이다.

다른 많은 고려사항들도 동일한 방향을 가리키고 있다. 예를 들어, 하이젠베르크Heisenberg는 현대 양자이론의 개념들이 '불확정성의 원리'라는 것을 포함하고 있음을 보여주었다. 우리는 오랫동안 자연의 작용은 지극히 정밀하다고 생각해왔다.

우리는 인간이 만든 기계들은 불완전하고 부정확하지만, 원자의 가장 중심적인 작용은 완전무결한 정확성과 정밀성을 구현하리라는 믿음을 간직하고 있었다. 하지만 하이젠베르크는 지금 자연은 무엇보다 정확성과 정밀함을 거부한다는 것을 보여주고 있다.

결정론이 무너지다

옛날 과학에 따르면, 전자와 같은 입자의 상태는 어느 한 순간에 공간에서의 위치와 공간을 가로지르는 운동 속도를 알고 있을 때 완벽하게 특정된다. 외부로부터 작용하는 어떤 힘에 대한 지식과 더불어 이 데이터는 그 전자의 모든 미래를 결정한다. 만약 이런 데이터가 우주 내에 있는 모든 입자들에 적용된다면, 우주의 미래는 전부 예측될 수 있다.

하이젠베르크가 해석해냈듯이, 새로운 과학은 사물의 성질로부터 이러한 데이터를 얻어낼 수 없다고 주장한다.

어떤 전자가 공간의 특정한 지점에 있다는 것을 알고 있다 해도, 우리는 그것의 이동속도는 정확히 명시할 수 없다. 자연은 일정한 '오차 범위'를 허용하며, 우리가 그 범위 내에 들어서려고 시도한다면 자연은 우리에게 아무런 도움도 주지 않을 것이다. 자연은 절대적으로 정확한 측정법을 모르는 것 같다.

이와 똑같은 방식으로 어느 전자의 정확한 운동속도를 안다 해도 자연은 공간 내에서의 정확한 위치를 발견하도록 허용하지 않는다.

이것은 마치 전자의 위치와 움직임이 영사용 슬라이드의 서로 다른 두 개의 면에 표시되어 있는 것과 같다. 만약 그 슬라이드를 불량한 환등기에 넣으면, 우리는 그 두 면의 중간쯤에 초점을 맞출 수 있을 것이며, 전자의 위치와 움직임을 모두 웬만큼은 명확하게 보게 될 것이다. 완벽한 환등기라면 그렇게 할 수 없다. 한쪽에 초점을 맞추면 맞출수록 다른 쪽은 더욱 더 흐릿해질 것이기 때문이다.

불완전한 환등기는 옛날 과학이다. 만약 완벽한 환등기만 있다면 일정한 순간에 입자의 위치와 움직임을 모두 완벽한 선명도로 결정할 수 있을 것이라는 착각을 제공하며, 이런 착각이 결정론을 받아들이도록 한다. 하지만 이제 우리는 새로운 과학에서 보다 완벽한 환등기를 갖게 되었으며, 위치와 운동의 세부적인 사항이 현실의 서로 다른 두 평면에 놓여 있어 명확한 초점을 동시에 가질 수 없다는 것을 보여줄 뿐이다. 그로 인해 과거의 결정론이 기초하고 있던 근거를 제거해 버린다.

달리 비유하자면, 마치 우주의 관절이 느슨해지거나, 오래 사용한 엔진에서 발견되는 것처럼 구조물에 어느 정도의 '틈'이 생긴 것과 같다. 하지만 이 비유는 우주가 어떤 식으로든 낡았거나 불완전한 상태에 있다는 오해를 불러일으킬 수 있다.

오래되거나 낡은 엔진에 나타나는 '틈'이나 '느슨한 이음매'의 정도는 각 지점마다 다르게 나타난다. 자연계에서 그 정도는 우주 전체에 걸쳐 절대적으로 일정하다고 입증된 '플랑크 상수 h'로 알려진 신비한 양으로 측정된다.

실험실에서든 별에서든 그 값은 무수한 방식으로 측정될 수 있으며 언제나 정확하게 똑같다는 것이 입증되었다. 하지만 어떤 형식이 되었든 '느슨한 이음매'가 우주에 널리 퍼져 있다는 사실은 완벽하게 만들어진 기계의 특징을 내세우는 절대적으로 완전한 인과율이라는 주장을 무너뜨린다.

하이젠베르크가 주의를 환기시켰던 불확실성은 전체적으로는 아니어도 부분적으로는 주관적인 성격을 띠고 있다. 우리가 전자의 위치와 속도를 절대적으로 정확하게 명시할 수 없다는 사실은 부분적으로는 우리가 사용하는 기구의 조악함에서 비롯된다. 마치 1파운드보다 적은 몸무게를 마음대로 조절할 수 없는 사람이라면, 자신의 체중을 절대적으로 정확하게 잴 수 없는 것과 같다.

확정성이라는 환상

과학에 알려져 있는 가장 작은 단위는 전자이므로, 물리학자가 마음대로 사용할 수 있는 더 작은 단위는 없다. 사실 직접적인 문제를 일으키는 것은 이 단위의 유한한 크기가 아니라, 플랑크의 양자이론에서 도입된 신비한 단위인 h의 크기다. 이것은 자연이 움직이는 '저크(jerks)*'의 크기를 측정하는 것이며, 이런 저크의 크기가 유한한 한, 저크에 의해서만 움직일 수 있는 저울에서 체중을 재는 것만큼이나 정확한 측정이 불가능하다.

하지만 이런 주관적인 불확실성은 앞에서 다루었던 방사능과

---

* 가속도가 음수에서 양수로 변하는 시점.
변위를 미분하면 속도, 속도를 미분하면 가속도, 가속도를 미분하면 저크로 가속도가 얼마나 빠르게 증가하는가를 나타낸다.

방사선의 문제와 아무런 관계가 없다. 그리고 자연에는 여기에서 일일이 나열할 수 없을 정도의 많은 현상들이 있으며, 불확정성이라는 개념이 어디에선가 어떤 방식으로든 도입되지 않는다면 그 어떤 일관된 체계에도 포함될 수 없다.

앞으로 다시 살펴보게 될 여러 고려사항들은 많은 물리학자들이 원자와 전자가 따로따로 포함된 사건들에는 결정론이 전혀 없으며, 대규모 사건들 속의 명확한 결정론은 단지 통계적인 특성을 지닌 것일 뿐이라고 생각하게 만들었다.

폴 디랙Dirac은 이 상황을 이렇게 설명했다.

"일정한 상태에서 어떤 원자 시스템에 대한 관찰이 이루어졌을 때, 그 결과는 대체로 명확하지 않을 것이다. 즉, 그 실험이 동일한 조건 하에서 여러 차례 반복된다면 여러 가지 다른 결과들이 얻어질 것이다.

만약 실험이 아주 많이 반복된다면 각각의 특정한 결과는 전체 횟수의 일정한 비율로 얻어진다는 것을 알 수 있으므로, 실험이 실행될 때마다 얻을 수 있는 확실한 확률이 있다고 말할 수 있다. 이론을 통해 이 확률을 계산할 수 있게 된다. 특별한 경우에, 이 확률은 한 가지일 수 있으며, 그런 경우 실험의 결과는 매우 결정적이다. (즉, 예측이 가능하다)"

달리 말하자면, 많은 수의 원자와 전자를 다룰 때 평균의 수학법칙은 물리법칙이 제공하지 못했던 결정론을 강요한다.

우리는 거시세계의 비슷한 상황에서 이 개념을 설명할 수 있다. 만약 동전을 돌린다면, 앞면이나 뒷면으로 쓰러질지를 결정할 수 있는 지식은 전혀 없다. 하지만 백만 톤의 동전을 던진다면 50만 톤의 앞면과 50만 톤의 뒷면이 있다는 것은 알고 있다. 이 실험을 지속적으로 반복해서 실시한다면 언제나 동일한 결과를 얻을 수 있다. 우리는 이것이 자연의 일관성을 보여주는 예라고 할 것이며, 근원적인 인과율의 작용으로 추론하려 들 것이다. 사실 이것은 단지 순수하게 수학적인 가능성의 법칙이 작용한 것일 뿐이다.

하지만 백만 톤의 동전은 초기의 물리학자들이 실험할 수 있었던 물질의 가장 작은 조각에 있는 원자들의 수와는 비교조차 되지 않는다. 확정성이라는 환상이 — 만약 이것이 환상이라면 — 어떻게 과학에 슬며시 끼어들게 되었는지 쉽게 알 수 있다.

우리는 여전히 이런 문제들에 대한 명확한 지식이 없다. 비록 급격하게 줄고 있다고는 생각하지만, 다수의 물리학자들은 여전히 어떤 식으로든 엄격한 인과관계의 법칙이 결국에는 자연계 내에서 옛날의 지위를 회복할 것이라 기대하고 있다. 하지만 과학 발달의 최근의 경향은 그들에게 아무런 힘도 실어주지 못하고 있다.

어쨌든, 새로운 물리학이 제시하는 우주의 그림 속에서 엄격한 인과관계라는 개념이 차지할 자리는 없다. 그 결과 이 그림에는 생명과 의식이 차지할 공간이 과거의 기계적인 우주보다 더 많아졌다. 우리가 지금 알고 있거나 새로운 과학이 정반대로 말할 수 있는 것은, 우리 뇌를 구성하는 원자들의 운명을 담당한다고 생각했던 신들이 우리 자신의 정신일 수 있다는 것이다.

이런 원자들을 통해 우리의 정신은 우연히 우리 몸의 움직임에 영향을 끼치고 그로 인해 우리 주변 세계의 상태에 영향을 끼치는 것일 수 있다.

오늘날의 과학은 더 이상 이런 가능성에 대해 문을 닫아놓을 수 없다. 과학은 더 이상 자유의지에 대한 우리의 타고난 확신을 반박할 결정적인 주장을 할 수 없기 때문이다. 반면에 결정론이나 인과관계의 부재가 어떤 의미인 것인지에 대해서는 아무런 암시도 주지 않는다.

만약 우리와 전반적인 자연이 외부의 자극들에 독특한 방식으로 반응하지 않는다면 무엇이 사건의 경로를 결정하는 것일까? 만약 어떤 것이든 있다면, 우리는 다시 결정론과 인과관계

에 내던져질 것이며, 전혀 없다면 대체 어떤 일들이 어떻게 일
어날 수 있다는 것일까?

우리가 시간의 진정한 특성에 대해 보다 더 잘 이해할 때까
지는 이러한 질문들에 대한 명확한 결론에 도달할 것 같지는 않
다. 현재 우리가 알고 있는 한, 근본적인 자연법칙은 시간이 지
속적으로 앞으로 흘러야만 하는 이유를 제시하지 않는다. 자연
법칙은 시간이 멈춰 있거나 거꾸로 흐를 가능성을 모두 고려할
준비가 되어 있다.

인과관계의 핵심인 시간의 지속적인 흐름은 경험으로 확인한
자연법칙에 우리가 겹쳐놓은 것이다. 시간의 속성에 본래부터
내재되어 있는 것인지는 전혀 알지 못한다.

잠깐 살펴보았듯이, 상대성이론은 어느 정도는 이런 시간의
지속적인 흐름과 인과관계를 환상이라고 비판하는 방향으로 나
아가고 있다. 상대성이론은 시간을 단순히 3차원의 공간에 더해
지는 네 번째 차원으로 생각하고 있으므로 시간의 전후관계가
인과관계라는 것은 더 이상 진실이 아닐 수 있다.

이것은 항상 우리의 생각을 멈추게 하는 시간의 속성에 대한
수수께끼이다. 그래서 만약 시간이 너무 근원적인 것이어서 진
정한 속성을 영원히 이해할 수 없다면, 결정론과 자유의지 사이

의 아주 오래된 논쟁 또한 결코 해결되지 않을 것이다.

하지만 물리학에서 결정론과 인과율이 폐지될 가능성은 양자 이론의 역사에서 비교적 최근에 제기된 것이다. 이 이론의 우선적인 목표는 방사선의 특정한 현상들을 설명하는 것이었으며, 논쟁중인 문제를 이해가기 위해 우리는 뉴턴과 17세기로 거슬러 올라가야 한다.

빛의 입자설과 파동설

적어도 피상적인 관찰에서 광선에 대한 가장 분명한 사실은 직선으로 이동하려는 경향이다. 누구나 먼지가 자욱한 방에서 직선으로 비추는 햇빛에 익숙하다.

빠르게 움직이는 물질의 입자 역시 직선으로 이동하려 하므로 초기의 과학자들은 어느 정도는 자연스럽게, 빛은 총으로 쏜 것처럼 광원으로부터 발사된 입자들의 흐름이라고 생각했다. 뉴턴은 이런 견해를 받아들였으며, '빛의 입자론'에 정밀성을 더했다.

하지만 빛이 언제나 직선으로 이동하지 않는다는 것은 일반적인 관찰의 문제이다.

빛은 거울의 표면에 도달했을 때 반사에 의해 갑작스럽게 방향을 바꿀 수 있다. 또한 물이나 어떤 유동체로 들어갈 때, 굴절에 의해 경로가 구부러지기도 한다. 우리가 젓는 노가 물속으로 들어가는 순간 부러진 것처럼 보이도록 만드는 것이 굴절이다. 그리고 강물로 걸어 들어갈 때 실제보다 더 얕아 보이도록 한다. 뉴턴의 시대에도 이러한 현상들을 지배하고 있는 법칙들은 잘 알려져 있었다.

반사의 경우, 광선이 거울에 부딪치는 각도와 반사된 후에 떨어져 나오는 각도는 정확하게 일치한다. 다시 말해, 테니스공이 완벽하게 딱딱한 테니스 코트에서 튀어 오르는 것처럼 빛은 거울에서 튀어 오른다.

굴절의 경우, 입사각의 사인sine은 굴절각의 사인에 정수비(正數比)로 지속된다. 우리는 뉴턴이 빛의 입자는 거울이나 굴절되는 유동체의 표면에서 명확한 힘들에 종속된다면 이런 법칙들에 따라 움직인다는 것을 보이기 위해 애쓴 것을 알고 있다. 다음은 〈프린키피아〉(Principia, 자연철학의 수학적 원리)의 명제 94와 96이다.

 ‡ 명제 94
"두 개의 유사한 매질이 양쪽이 평행면으로 끝나는 공간에 의해 서로 분리되어 있고, 그 공간을 통과하는 물체가 다른 힘에 의해

동요되거나 방해받지 않고 그 매질 중 하나를 향해 수직으로 끌리거나 추진된다면, 그리고 양쪽 면으로부터 동일한 거리에서 어디에서나 동일한 인력을 평면의 동일한 방향을 향해 받는다면, 나는 양쪽 평면의 입사각 사인값은 주어진 비율로 다른 평면의 사출각 사인값이 될 것이라고 말한다."

✝ 명제 96
"동일한 조건에서 입사 전의 운동이 이후보다 더 빠르다고 가정하고, 입사선이 계속 경사져 있다면, 결국 물체는 반사될 것이며, 반사각은 입사각과 동일할 것이라고 말한다."

뉴턴의 입자론은 광선이 물의 표면에 닿을 때 오직 '일부'만이 굴절된다는 사실에서 최후를 맞이하게 된다. 나머지는 반사되며, 이것이 호수에는 일반적인 물체의 그림자를, 바다에는 달빛의 잔물결을 만들어내는 것이다. 뉴턴의 이론은 이런 반사를 설명하지 못한다는 것으로 반박되었다.

만약 빛이 입자로 구성되어 있다면 물의 표면에 있는 힘들은 모든 입자들을 똑같이 처리해야만 하기 때문이다. 하나의 입자가 굴절된다면 모두 다 그렇게 되어야만 하며, 그 결과로 물은 태양, 달 또는 별을 반사할 힘이 전혀 없게 되는 것이다.

뉴턴은 물의 표면에 '투과와 반사의 교대 적합성'이 있다는 것으로 이런 반론을 피하려 시도했다. 어느 한 순간에 표면에 떨어진 입자는 받아들여지지만 다음 순간에 문들이 닫히면서 동반하던 입자들이 방향을 돌려 반사광을 형성하게 된다는 것이다. 이 개념은 기묘하고도 놀랍게도 자연의 획일성을 포기하고 결정론을 확률로 대체하여 현대의 양자이론을 예견(豫見)하는 것이었지만 당시에는 설득력이 없었다.

어쨌든, 입자론은 더 중대한 어려움들과 마주쳤다. 엄밀하게 세부사항을 연구할 때, 빛은 입자의 운동과는 달리 완전한 직선으로 전해지지 않는다는 것이 밝혀졌다.

집이나 산과 같은 커다란 물체는 명확한 그림자를 드리우면서 쏟아지는 총알로부터 보호하듯 태양의 눈부신 빛으로부터 눈을 보호해준다. 아주 가느다란 머리카락이나 실과 같이 작은 물체는 그런 그림자를 드리우지 않는다.

스크린의 정면에서 머리카락을 들고 있으면, 스크린에는 어두워지는 부분이 없다. 빛은 일정한 방식으로 그 둘레를 돌아가며, 우리는 명확한 그림자 대신 빛을 대신하는 상대적으로 어두운 '간섭대(干涉帶)'라고 알려져 있는 평행 띠를 보게 된다.

다른 예를 들어보자면, 스크린에 있는 커다란 원형 구멍은 원형의 빛을 통과시킨다. 하지만 그 구멍을 바늘구멍만큼이나 작게 만들면 뒤의 스크린에는 작은 원형의 빛이 아니라, 빛과 어두운 고리가 번갈아 나타나는 훨씬 더 큰 동심원의 패턴, 즉 '회절환'이 나타난다. 〈사진 1〉은 광선이 바늘구멍을 통해 사진 건판으로 지나가면서 얻어진 패턴을 보여준다.

바늘구멍의 지름보다 큰 모든 빛은 일정한 방식으로 구멍의 가장자리 둘레를 돌아갔다. 뉴턴은 이런 현상들은 자신의 '빛 입자'가 고체에 의해 끌어당겨진 증거로서 생각했다. 그는 이렇게 썼다.

"대기 중에 있는 광선은 물체들의 모퉁이를 지나면서 투명한 것이든 불투명한 것이든(동전이나 칼 또는 깨진 바위나 유리의 원형이나 사각형 모서리와 같은) 상관없이 마치 끌어당겨지는 것처럼 물체들의 둘레로 돌아가거나 굴절된다. 지나가는 도중에 물체들 가까이 도달한 그런 광선들은 마치 대부분 당겨지는 것처럼 크게 굴절된다."

여기에서 뉴턴은 기이하게도 다시 한 번 현재의 과학을 예견한다. 그가 가정한 힘은 현대 파동역학의 '양자력'과 매우 유사하다. 하지만 회절현상을 상세하게 설명하지 못했으므로 인정받지 못했다.

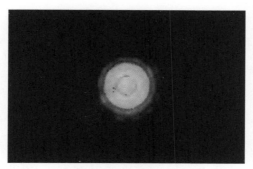

〈사진 1〉 불투명 스크린의 미세한 구멍을 통과하는 빛에 의해 생성된 회절환.

〈사진 2〉 전자가 금막의 미세한 영역을 통과하여 생성된 회절환.

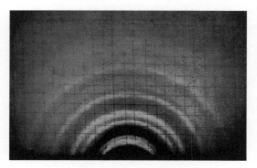

〈사진 3〉 금 표면의 미세한 영역에서 반사된 전자에 의해 생성된 회절환.

시간이 지나면서 이런 것들과 유사한 모든 현상들은 빛이 바다 위로 부는 바람과 비슷한 파동으로 이루어져 있다는 가정으로 적절하게 설명되었다. 빛의 파동은 바다의 파도가 작은 바위 주변을 돌아가는 것과 똑같은 방식으로 작은 방해물 주변을 돌아간다. 긴 바위 암초는 바다로부터 거의 완벽한 피난처를 제공하지만, 작은 바위는 그렇게 하지 못한다. 빛의 파동이 가느다란 머리카락과 실 뒤에서 다시 결합하는 것처럼 파도는 바위 양쪽의 둘레를 돌아 지나가 바위 뒤에서 다시 결합한다.

동일한 방식으로 항구의 입구에 부딪치는 파도는 항구를 직선으로 가로질러 이동하지 않지만 방파제의 가장자리를 돌아가며, 항구에 있는 물의 표면 전체를 거칠게 뒤흔든다.

〈사진 1〉은 방파제 둘레를 돌아간 파도처럼 바늘구멍의 가장자리 둘레를 돌아간 빛의 파동이 만든 바늘구멍 너머의 '거칠기 roughness'를 보여준다.

17세기에는 빛을 입자의 소나기로 생각했지만, 작은 규모의 현상들을 설명하지 못한다는 것을 알게 된 18세기에는 입자의 소나기를 연속적인 파동으로 대체했다.

하지만 이런 대체 자체에는 어려움이 수반되었다. 햇빛이 프리즘을 통과할 때, 무지개 같은 색의 '스펙트럼'으로 분해되었던 것이다. ― 빨강, 주황, 노랑, 초록, 파랑, 남색, 보라 ― 만약 빛이 바다의 파도처럼 파동으로 구성되어 있다면, 분해된 빛은 모두 스펙트럼의 보라색 끝에서 발견된다는 것을 보일 수 있어야 한다. 그뿐만이 아니라 보라색 파동은 에너지를 흡수하는 무제한의 수용 능력이 있으며, 입구를 영속적으로 활짝 열고 있으므로 우주의 모든 에너지는 보라색선이나 자외선의 형태가 되어 우주공간을 빠르게 가로지른다는 것도 입증해야 한다.

빛은 입자이면서 파동이다

이런 결함을 지닌 빛의 파동이론을 수정하기 위한 노력으로서 '양자이론'이 등장했다. 양자이론은 완벽한 성공을 거두었다. 양자이론은 빛을 입자로 보았던 뉴턴이 전적으로 틀리지는 않았음을 입증했다.

소나기가 물방울로 분해되거나, 쏟아지는 총알이 납조각으로 분리되거나, 가스가 개별적인 분자들로 분해되는 것과 같이 거의 확실하게 한줄기의 빛은 '광양자light quanta' 또는 '광자photons'라 불리는 불연속적인 단일체로 생각할 수 있다는 것을 입증했기 때문이었다.

동시에 빛은 파동의 특성을 잃지 않았다. 각각의 작은 빛 덩어리는 그것과 관련된 길이의 성질이 있는 명확한 질량을 갖고 있었다. 우리는 이것을 빛의 '파장(波長)'이라고 부른다.

문제의 그 빛이 프리즘을 통과할 때, 특정한 길이의 파도와 똑같이 움직이기 때문이다. 긴 파장의 빛은 작은 덩어리들로 이루어져 있으며, 각 덩어리에 있는 에너지의 총량은 이 파장에 반비례하므로 우리는 언제나 그 파장으로부터 광자의 에너지를 계산할 수 있으며, 그 반대의 경우도 마찬가지이다.

이런 개념들에 근거한 엄청나게 많은 증거들은 요약하는 것조차 불가능하다. 전혀 예외 없이 빛은 분해되지 않은 광자로 실험기구를 통과한다는 것을 가리킨다. 아직 그 어떤 관찰도 광자의 파편이 존재한다는 것을 밝혀내지 못했으며, 그런 물질이 존재할 수 있다고 의심할 만한 이유도 제시하지 못했다. 두 가지 예가 전체를 대표할 수 있을 것이다.

적절한 환경 하에서 방사선은 충돌하는 원자들을 분해할 수 있다. 부서진 원자들에 대한 연구는 분해작업을 하기 위해 얼마나 많은 에너지가 방출되는지를 밝혀냈다. 알려진 파장으로부터 계산된 에너지는 변함없이 완전한 광자 에너지라는 것이 입증되었다. 그것은 마치 빛의 군대가 물질의 군대와 충돌한 것과 같다. 물질의 군대는 개별적인 병사들인 원자로 구성되어 있다는 것은 오래 전부터 알려져 왔다. 이제 빛의 군대 역시 개별적인 군인들이 광자로 구성되어 있다는 것으로 나타났으며, 이 전쟁터에 대한 연구는 그 충돌이 개별적인 일대 일의 충돌로 이루어져 있다는 것을 보여준다.

두 번째 예로서, 최근에 시카고 대학의 콤튼Compton 교수는 엑스선이 전자에 부딪치면 어떤 일이 생기는지를 연구했다. 그는 방사선이 마치 빛의 물질입자 또는 광자로 구성되어 있는 것처럼 정확히 흩어지면서 개별적으로 분리된 단위로 이동하며, 이번에는 전쟁터의 탄환들처럼 나아가는 길에 있는 모든 전자들을 때린다는 것을 발견했다.

개별적인 광자들이 이런 충돌로 인해 경로에서 굴절되면서 광자에너지를 계산할 수 있게 되었으며, 이것은 다시 그것들의 파장에서 계산된 것과 정확하게 일치했다.

개별적인 광자에 대한 이런 생각은 우리를 불확정성으로 돌아가도록 이끈다. 한줄기의 빛을 서로 다른 경로를 따라가는 두 개의 부분으로 쪼개는 다양한 방법들이 있다.

한줄기의 빛이 단일한 광자로 분해되었을 때, 어느 한 경로를 따라가야만 한다. 광자는 분할할 수 없기 때문에 양쪽 경로에 모두 분포될 수는 없다. 그리고 경로의 선택은 확률의 문제이지 확정성의 문제는 아니라는 것이 입증되었다.

이런 방식으로 빛을 단순한 입자로 생각했던 17세기와 단순한 파장으로 생각했던 19세기는 모두 틀렸거나, 달리 말하자면 모두 옳았던 것으로 보인다. 빛은 모든 종류의 방사선이 그렇듯이 입자이면서 동시에 파동이다.

콤튼 교수의 실험에서 엑스선은 단일한 전자들과 부딪치면서 분리된 입자들의 소나기처럼 움직이며, 라우에Max von Laue와 브래그Bragg 등의 실험에서는 정확하게 유사한 방사선이 고체 결정에 부딪치면서 모든 면에서 연속적인 파동처럼 움직인다. 이것은 철저하게 동일한 성질이다.

동일한 방사선은 입자이면서 동시에 파동으로 보일 수 있다. 입자처럼 움직이다가 파동처럼 움직인다. 지금까지 알려진 그 어떤 일반원칙도 특정한 순간에 이것이 어떤 행위를 선택할지는 말할 수 없다.

우리는 분명 입자와 파동은 본질적으로 동일한 것이라고 가정해야만 자연의 통일성에 대한 우리의 믿음을 유지할 수 있다. 그리고 이것은 우리를 훨씬 더 흥분시키는 우리 이야기의 나머지 반으로 이끌고 간다.

방금 말했던 첫 번째 반은 방사선은 파동으로 보였다가 입자로 보일 수 있다는 것이었다. 두 번째는 모든 물질을 구성하는 기초적인 단위인 전자와 양성자 역시 어떤 때는 입자로 보이다가 어떤 때는 파동으로 보일 수 있다는 것이다. 방사선의 성질에 존재한다고 이미 알려진 것과 비슷한 전자와 양성자의 성질에 있는 이중성은 최근에 발견되었다. 이것들 또한 동시에 입자이면서 파동으로 나타난다.

뉴턴의 입자론은 처음에 파동설에 그 자리를 내주었으며, 연속적인 파동이 어떻게 쏟아지는 입자의 행위를 흉내 낼 수 있는지 그리고 반사와 굴절에 의해 경로에서 벗어나는 것 외에는 어떻게 직선으로 움직이는지에 대해 설명할 필요가 있었다.

만약 덧문 틈으로 들어오는 햇빛이 파동으로 구성되어 있다면, 잔물결이 연못의 표면 전체로 퍼져나가듯이 또는 〈사진 1〉에서 바늘구멍을 통과한 아주 가느다란 빛이 주변으로 퍼져나가듯이, 방 전체로 퍼져나갈 것이라고 기대하는 것이 자연스럽기 때문이다.

영Thomas Young과 프레넬Fresnel은 충분히 넓고 방해받지 않는 연속적인 파동은 뚜렷하게 옆으로 퍼지지 않고 — 자유롭게 움직이는 입자의 소나기처럼 — 빛처럼 이동할 것이며, 완벽하게 단단한 표면에서 튀어오르는 투사물과 같은 방식으로 거울로부터 반사된다는 것을 알아냈다. 또한 그런 파동시스템은 빛의 굴절 법칙에 따라 굴절된다는 것도 밝혀졌다.

결국, 그런 파동 시스템은 굴절시키는 힘이 지속적으로 변화하는 매질을 통과해 간다면, 그 경로는 지속적으로 작용하는 힘들에 의해 직선 경로를 이탈하게 되는 입자의 경로와 비슷할 것이다. 실제로 각 지점의 힘을 굴절률의 제곱의 변화에 비례하도록 하여 이 두 개의 경로를 동일하게 만들 수 있다.

따라서 뉴턴의 입자 이론에서 입자들이 할 수 있는 일이라면, 연속적인 파동도 같은 일을 할 수 있다. 하지만 엄청난 복잡성 때문에 파동은 더 많은 일들을 할 수 있으며, 입자가 빛의 행위를 흉내 내지 못하는 모든 경우에 파동시스템이 그 부분을 완벽하게 채울 수 있다는 것이 발견되었다. 이런 방식으로 뉴턴이 추정했던 입자들은 파동시스템으로 환원되었다.

파동역학의 탄생

지난 몇 년 간 평범한 물질을 형성하고 있는 입자들이 — 즉, 양성자와 전자 — 어느 정도는 이와 비슷한 방식으로 파동시스템으로 환원되어 있는 것을 확인했다. 많은 경우, 전자 또는 양자의 행동은 너무 복잡해서 단순한 입자의 운동으로는 설명할 수 없다는 것이 밝혀졌다. 그에 따라 루이 드 브로이Louis de

Broglie와 슈뢰딩거Schrodinger를 비롯한 사람들은 그것을 파동 집단의 행동으로 해석하려고 하면서 현재 '파동역학'으로 알려진 수리물리학 분야를 창시했다.

만약 평범한 테니스공이 완벽하게 딱딱한 테니스 코트에서 튀어 오르는 것을 본다면, 우리는 그 움직임이 거울의 표면에서 반사되는 빛과 똑같다는 것을 확인하게 될 것이며, 우리는 당연히 그 공이 코트의 표면으로부터 '반사된' 것이라고 말하게 될 것이다. 하지만 이 발견으로 많은 것을 얻어내지는 못했다. 분명 이 발견은 그렇게 하기를 원했다면 테니스공을 파동시스템으로 해석할 수도 있었지만 그렇게 하지 않았다. 테니스공이 파동시스템이 아니라는 것을 알 수 있거나 '알 수 있다고 생각하기' 때문이었다.

만약 움직이는 물체가 테니스공이 아니라 전자라면 상황은 달라졌을 것이다. 표면에서 튀어 나가는 전자의 움직임이 파동시스템의 그것과 같다고 관찰된다면 전자가 파동시스템일 가능성을 배제할 수 없었을 것이다.

현재 '이런 것에는 관심 없어. 나는 전자를 볼 수 있고, 그건 분명히 파동시스템이 아니야'라고 말할 수 있는 사람은 아무도 없다. 전자를 보았던 사람은 아무도 없으며, 그것이 어떻게 생겼는지조차 이해하는 사람은 없기 때문이다.

우리는 단지 뉴턴의 빛 입자를 파동시스템으로 여기는 것처럼, 선험적으로 전자를 파동시스템으로 자유롭게 생각하는 것이다. 그리고 전자가 실제로 파동시스템인지를 알아내기 위해 우리는 단단한 입자와 파동시스템이 다르게 움직이는 현상들에 주목해야만 한다.

이제 전자가 기대했던 것처럼 움직이지 않는 현상들은, 그것이 입자로서 여겨지는 한, 정확하게 우리가 원하는 현상들을 제공하며, 모든 경우에 전자는 정확하게 파동시스템처럼 움직인다는 것이 밝혀졌다.

특별한 현상 한 가지는 금속판에서 튀어 나가는 전자들의 소나기이다. 그것들은 우박이나 테니스공의 소나기처럼 튀어 오르지 않지만 파동시스템이 그렇듯이(《사진 3》참조) 회절패턴을 만들어낸다.

전자의 소나기가 작은 틈을 지나갈 때도 동일하다. 측면으로 퍼져 빛의 파동에 의해 만들어지는 것과 매우 흡사한 회절패턴을 만들어낸다.(《사진 1과 2》참조) 물론 이것이 전자가 실제로 파동으로 이루어져 있다는 것을 입증하지는 못하지만, 파동시스템이 단단한 입자보다 전자의 더 나은 그림을 제공하지 못하는지에 대한 의문을 제기하게 된다.

실제로 파동시스템은 아직까지 전자의 행동을 예측하지 못한 적이 없는 그림을 제공하는 반면, 전자가 단단한 입자라는 생각은 수없이 많은 경우에 예측하지 못하고 있다.

파동역학은 움직이는 전자나 양자가 지극히 명확한 파장의 파동시스템처럼 행동해야 한다는 것을 보여준다. 이것은 움직이는 입자의 질량과 운동 속도에 좌우되지만, 다른 것에는 전혀 좌우되지 않는다. 통상적인 실험실 환경에서 움직이는 전자와 양자에 부여하는 파장은 통상적인 실험실 기구로 쉽게 측정될 수 있는 그런 것이다.

전자의 반사와 굴절에 대한 실험이 미국의 데이비슨Davisson과 저머Germer, 에버딘의 G. P. 톰슨Thomson 교수와 독일의 러프Rupp, 일본의 기쿠치Kikuchi를 비롯한 많은 사람들에 의해 실행되었다. 움직이는 전자들은 평행광선으로 금속 표면 위로 또는 관통하도록 쏘아졌다. 그리고 각각의 경우 적절하게 위치한 사진건판 위에 기록된 결과는 만약 전자가 작은 탄환이거나 단단한 다른 입자들의 소나기처럼 움직인다면 관찰될 수 있는 것이 전혀 아니었다.

회절 패턴은 옅거나 짙은 고리가 교대하는 동심원 시스템으로 구성된 것으로 일정불변하게 얻어졌다. 패턴은 어떤 명확한 파장의 파동이 금속 위에 부딪친다면 만들어지는 것과 똑같은 것이었으며, 파장이 측정되었을 때 이미 언급한 파동역학 공식에 의해 예측된 것과 일치한다는 것을 증명했다.

최근에 시카고 대학의 뎀프스터Dempster 교수는 움직이는 광자로 비슷한 성공을 거두었다.

이와 같은 여러 가지 실험들은 움직이는 전자나 광자와 관련되어 있는 파동과 파장은 최소한 단순한 신화 이상의 어떤 것이라는 것을 명확하게 했다.

파동치는 어떤 성질이 분명히 개입되어 있으며 움직이는 전자와 양성자를 파동시스템으로 나타내는 그림은 원자의 내부와 외부에서 모두 단순히 하전입자로서 생각했던 과거의 그림보다 그것들의 움직임을 훨씬 더 잘 설명한다.

이런 파동의 성질은 다음에 보다 더 자세하게 논의할 것이다. 우리의 당면한 논의를 위해선 물질의 구성요소들(전자와 양자)과 방사선은 모두 이중의 성질을 나타낸다는 것이면 충분하다.

과학이 대규모 현상들만 다루는 한 적당한 그림은 일반적으로 둘 다 입자의 성질이라고 가정하는 것으로 얻어진다. 하지만 과학이 자연에 대해 보다 세밀하게 이해하려 하고, 작은 규모의 현상들의 연구로 나아간다면 물질과 방사선은 동등하게 파동으로 귀착되는 것으로 확인된다.

물리적인 우주의 근본적인 성질에 대해 이해하고 싶다면, 우리가 관심을 기울여야 하는 것은 이런 소규모 현상들이다. 여기에 사물의 궁극적인 특성이 감춰져 있으며, 우리가 찾고 있는 것은 파동이다.

이런 방식으로 우리가 파동으로만 이루어진 우주에 살고 있다고 의심하기 시작했다. 이런 파동의 성질에 대해서는 다음에 논의하기로 한다. 현재로선 현대 과학이 우주는 단순히 단단한 물질의 조각들이 모인 것이며, 방사선의 파동은 하나의 사건으로서 이따금씩 나타난다고 생각했던 과거의 견해로부터 대단히 멀리 떠나왔다는 것을 알아차리는 것으로 충분하다.

다음 장은 그와 똑같은 길을 따라 우리를 훨씬 더 멀리 나아가게 할 것이다.

제3장 물질과 방사선

세 가지 보존 법칙

과학의 초기에 인과율을 자연계의 지도원리로 의심 없이 받아들여 '주어진 원인 A가 알려진 결과인 B로 이어진다'는 일반적인 유형의 법칙을 발견하고 공식화하는 결과로 이어졌다.

예를 들어, 얼음에 열을 가하면 녹는다거나, 좀 더 상세히 설명해서, 열은 우주 내에서 얼음의 양은 줄이고 물의 양은 늘어나도록 한다는 것이었다.

원시인은 이 법칙에 대단히 쉽게 익숙해질 수 있었다. 단지 흰서리 위로 내리쬐는 태양의 작용이나 산맥의 빙하에 끼치는 긴 여름날의 영향만 관찰해도 알 수 있었다. 겨울에는 추위가 물을 다시 얼음으로 바꾼다는 것을 알아차렸다.

그 다음 단계에서는 얼었던 얼음의 양은 녹기 전 본래의 양과 동일하다는 것을 발견했다. 그렇다면 물이나 얼음보다 더 일반적인 범주에 속하는 무언가가 얼음 — 물 — 얼음의 변환을 거치는 동안에도 총량이 변하지 않고 남아 있다는 것은 자연스러운 추론이었다.

현대물리학은 '보존 법칙'이라 설명하는 이런 형식의 법칙들에 익숙하다. 우리가 방금 원시인이 발견했다고 한 것은 물질 보존 법칙의 특별한 경우이다. X가 무엇이든 'X의 보존'이라는 법칙은 우주 내에 있는 X의 총량은 영원히 동일하게 유지된다는 것이다. X를 X가 아닌 것으로 변화시킬 수 있는 것은 없다.

그런 모든 법칙은 필연적으로 가설이다. 이 표현은 사실, 지금까지 우리는 X의 총량을 변화시키는데 성공한 적이 없다는 것이다. 우리가 충분히 노력했지만 모두 실패했다면, 어쨌든 실용적인 가설로서 보존의 법칙을 제시하는 것은 타당하다.

지난 세기가 끝날 무렵 물리학은 주요한 보존의 법칙 세 가지를 알아냈다.

A : 물질의 보존

B : 질량의 보존

C : 에너지의 보존

선운동량과 각운동량의 보존과 같은 부차적인 법칙들을 논의에 포함시킬 필요는 없다. 이미 언급했던 세 가지의 주요 법칙에서 단순하게 연역된 것이기 때문이다.

세 가지 주요 법칙들 중 물질의 보존이 가장 오래된 것이다. 데모크리토스Democritus와 루크레티우스Lucretius는 원자론적 철학에서 모든 물질은 창조될 수 없고, 변경될 수 없으며, 파괴될 수 없는 원자로 구성되어 있다고 제시했다.

그들은 우주에 있는 물질의 양은 언제나 똑같이 유지되며, 우주의 어떤 부분 또는 공간의 어떤 구역에서도 물질의 양은 원자들의 유입이나 이탈에 의해 변형된 경우를 제외하고 동일하게 유지된다고 주장했다.

우주는 언제나 동일한 배우들인 원자가 각자의 역할을 하는 무대이다. 분장과 배치는 다르지만 동일성의 변화는 없다. 이런 배우들에겐 불멸성이 부여됐다.

두 번째 법칙인 질량의 보존은 좀더 현대에 발전한 것이다. 뉴턴은 모든 물체 또는 물질의 조각은 불변하는 양과 관련되어 있으며, 질량은 '관성' 또는 운동의 변화에 저항하는 척도를 제공한다고 생각했다.

만약 어떤 자동차의 운동을 제어하기 위해 다른 자동차보다 두 배의 엔진 출력이 필요하다면, 우리는 그것을 두 배의 질량을 갖고 있다고 말한다. 중력의 법칙은 두 가지 물체에 대한 중력은 정확하게 질량에 비례한다고 주장하므로, 두 물체에 대한 지구의 인력이 같다면 그것들의 '질량'은 똑같아야 한다. 따라서 어떤 물체의 질량을 가장 쉽게 측정하는 방법은 무게를 측정해 보는 것이다.

시간이 흘러, 화학은 루크레티우스의 '원자'는 그 명칭(a-refiveiv, 절단할 수 없음)을 사용할 자격이 없다는 것을 밝혀냈다. '절단할 수 없는' 것이 아니라고 증명된 후로는 '분자(分子)'라고 불렀으며, '원자'라는 명칭은 분자를 분해할 수 있는 더 작은 단위를 위해 남겨두었다.

분자들이 쪼개지고 그것들의 원자들이 재배열될 수 있는 방법들은 많다. 예를 들어, 철이 녹슬거나 산을 금속 위에 부을 때처럼, 단순히 다른 분자들과 접촉하는 것만으로도 충분할 수 있다. 분자들은 연소, 폭발, 가열 또는 빛의 투사에 의해서도 쪼개질 수 있다. 예를 들어, 과산화수소(H_2O_2)가 담긴 병이 밝은 곳에 놓여 있다면, 단순히 빛의 통과만으로 각각의 분자는 물 분자(H_2O)와 산소(O) 원자로 쪼개진다. 우리는 병에서 코르크를 빼낼 때 산소 기체의 누출로 인해 '펑'하는 소리를 듣게 되며, 일부 과산화수소가 물로 변화한다는 것을 알게 된다.

브롬화은(취화은, 臭化銀)도 빛의 투사로 재배열되며, 이런 변화가 사진의 기초 원리가 된다. 18세기가 끝나갈 무렵 라부아지에Lavoisier는 모든 화학적 변화에도 물질의 전체 무게는 변하지 않는다는 사실을 발견했다고 믿었다.

머지않아 '질량 보존'의 법칙은 과학의 필수적인 부분으로 받아들여졌다. 지금은 그것이 전혀 정확하지 않다는 것을 알고 있다. 과산화수소가 담긴 병에서 빠져나온 산소와 남아 있는 액체의 무게를 더하면 본래의 과산화수소보다 약간 더 무거우며, 빛에 노출된 사진판은 무게가 늘어난다. 우리는 이 법칙이 부정확하다는 것을 즉시 확인할 수 있다. 과산화수소나 브롬화은의 분자들이 흡수한 빛의 무게를 무시했기 때문이다.

에너지의 보존이라는 세 번째 법칙은 가장 최근의 것이다. 에너지는 무척 다양한 형태로 존재할 수 있다. 가장 단순한 것이 순수한 운동에너지로 — 수평 선로를 따라 이동하는 기차나 당구대를 구르는 당구공의 움직임이다.

뉴턴은 순수하게 기계적인 이 에너지는 '보존된다'는 것을 증명했다. 예를 들어, 두 개의 당구공이 충돌할 때, 각각의 에너지는 변화하지만 두 공의 전체 에너지는 변화하지 않는다. 한 공이 다른 공에 에너지를 전달하지만 그런 작용에서 소멸되거나 늘어나는 에너지는 없다.

하지만 이것은 오직 그 당구공들이 '완벽한 탄성체'일 경우에만 진실이다. 즉 접근하는 속도와 동일한 속도로 튕겨나간다는 이상적인 조건이 있어야 한다. 자연에서 발생하는 현실적인 조건 속에서 기계적인 에너지는 항상 소멸되는 것으로 보인다. 총알은 대기를 통과하면서 속도를 잃게 되며, 엔진이 꺼진다면 기차는 머지않아 멈추게 된다. 그런 모든 경우에 열과 소리가 발생한다.

열과 소리는 그 자체로 에너지의 한 형태라는 사실이 오랜 연구를 통해 밝혀졌다. 1840~50년에 실행된 일련의 고전적인 실험에서 줄Joule은 열에너지를 측정하고, 첼로의 현이라는 초보적인 장치로 소리에너지를 측정하려고 시도했다. 그의 실험은 불완전했지만, 그 결과 기계에너지, 열, 소리, 전기 에너지 등 알려진 모든 에너지 변환을 포괄하는 원리로서 '에너지 보존'을 인정받게 되었다.

실험들은 에너지가 손실되는 것이 아니라 변형되며, 명백한 운동에너지의 손실은 동일한 열과 소리 에너지의 출현으로 정확하게 보충된다는 것을 보여주었다. 돌진하는 기차의 운동 에너지는 날카로운 브레이크의 소음 그리고 바퀴, 브레이크 블록(制動子), 레일의 가열이라는 동등한 에너지로 대체된다.

19세기 후반까지 이 세 가지 보존의 법칙은 아무런 도전도 받지 않았다. 질량 보존은 물질 보존과 같은 것으로 여겨졌는데, 어떤 물체의 질량은 그 원자의 질량의 합으로 간주되었기 때문이었다. 이것은 화학작용으로 총 질량이 변할 수 없는 이유를 — 우리가 지금 알고 있듯이 — 너무도 간단하게 설명했다.

그러나 새로 발견된 에너지 보존의 원리는 그 자체로 두 개의 오래된 법칙과는 별개의 것이었다. 우주는 여전히 원자가 주인공인 무대였으며, 각 원자는 언제나 자신의 정체성과 질량을 보존하고 있다고 생각했다. 이 그림을 완성하기 위해 에너지라는 존재는 주인공들이 서로 주고받는 것이며, 배우들처럼 생성이나 소멸이 불가능하다고 생각했다.

원자를 분해하다

이 세 가지 보존 법칙은 당연히 작업가설(作業假說)로만 취급되어 가능한 모든 방법으로 시험해보고 실패할 조짐이 보이면 곧바로 폐기되어야 했다. 그러나 이 가설은 너무나 확고하게 정립된 것처럼 보였기 때문에 논란의 여지가 없는 보편적인 법칙으로 취급되었다.

19세기 물리학자들은 이 법칙이 우주 전체를 지배하는 것처럼 서술하는데 익숙해져 있었으며, 이것을 바탕으로 철학자들은 우주의 근본적인 본질을 독단적으로 주장했다.

그것은 태풍이 불기 전의 고요함이었다. 다가오는 폭풍의 첫 번째 굉음은 톰슨 경Sir J. J. Thomson의 이론적인 연구였다. 그는 뉴턴의 고정불변 질량 개념과는 반대로 전기가 통하는 물체(대전체, 帶電體)를 움직이게 하면 질량이 변할 수 있으며, 그런 물체가 빠르게 움직일수록 질량이 더 커진다는 것을 보여주었다. 그 순간 질량 보존의 원리는 과학을 포기한 것처럼 보였다.

한동안 이 결론은 단지 학문적 관심사로만 남아 있었다. 이론에서 예측한 질량의 변화가 평가 가능한 양이 되기에는 일반 물체를 충분한 전기로 충전하거나 충분한 속도로 움직일 수 없었기 때문에 관측으로는 판단할 수 없었다.

19세기가 막바지에 접어들 무렵, J. J. 톰슨 경과 그의 동료들이 더 이상 절단할 수 없다고 입증되었던 원자를 분해하기 시작하면서, 이전에 '원자'라는 이름이 붙어 있었던 분자보다 더 이상 '원자'라는 이름을 붙일 자격이 없다는 것으로 밝혀졌다. 그들은 작은 조각들만 분리해낼 수 있었고, 지금도 원자를 최종적인 구성요소들로 완전히 분해하는 것은 충분히 이루어지지 않았다. 이 조각들은 모두 정확하게 유사하며 음전하를 띠고 있는 것으로 밝혀졌다. 이에 따라 '전자'라는 이름이 붙여졌다.

전자들은 일반 물체보다 훨씬 더 강하게 전기가 통한다. 1그램의 금을 최대한 얇게 두들겨 금박으로 만들면 운이 좋을 경우엔 약 60,000정전기 단위electrostatic units의 전하를 담을 수 있지만, 1그램의 전자는 약 9십억 배나 더 큰 영구전하를 전달한다. 전자는 전기적 수단에 의해 초당 10만 마일 이상의 속도로 움직일 수 있기 때문에 전자의 질량이 속도에 따라 변한다는 것을 쉽게 확인할 수 있다. 정밀한 실험을 통해 그 변화가 이론에서 예측한 것과 정확히 일치한다는 것이 밝혀졌다.

러더퍼드의 연구 덕분에 모든 원자는 음전하를 띤 전자와 양전하를 띤 입자, 즉 '양성자'로 구성되어 있으며, 물질은 전기를 띤 입자들의 집합체일 뿐이라는 사실이 밝혀졌다.

이런 과정을 거치면서, 물질의 성질과 구조를 다루는 모든 과학이 전기라는 단일 과학의 파생분야가 되었다.

또한 패러데이Faraday와 맥스웰이 모든 방사선은 본질적으로 전기적이라는 사실을 밝혀내면서 물리학은 모두 전기라는 단일 과학 안에 포함되었다.

모든 물체는 전하를 띤 입자들의 집합체이므로, 앞서 언급한 이론적 연구에 따르면 움직이는 모든 물체의 질량은 운동 속도에 따라 달라져야 한다. 움직이는 물체의 질량은 물체가 정지 상태에서도 유지하는 '정지질량'으로 알려진 고정 부분과 운동 속도에 따라 달라지는 가변 부분으로 구성된다고 볼 수 있다. 관찰과 이론에 따르면 가변 부분은 정확히 물체의 운동에너지에 비례하며, 두 개의 전자 또는 서로 유사한 두 가지 물체의 질량은 에너지가 다른 정도만큼만 다르다.

　1905년에 아인슈타인은 이것을 엄청난 일반화로 확장시켰다. 그는 운동에너지뿐만 아니라 상상할 수 있는 모든 종류의 에너지는 자체적으로 질량을 갖고 있어야 하며, 그렇지 않다면 상대성이론은 참일 수 없다는 것을 보여주었다. 이런 식으로 상대성이론에 대한 모든 관찰 실험은 에너지가 질량을 갖고 있다는 가설의 진실을 증명하는 증거가 되었다.

　아인슈타인의 연구는 어떤 종류의 에너지든 질량은 에너지의 양에만 의존하며, 그 양은 정확히 비례한다는 것을 보여주었다. 또한 이 양은 매우 적다. 완전히 적재된 모레타니아호 Mauretania의 무게는 약 5만 톤이며, 25노트로 항해할 때 모레타니아호의 움직임은 약 100만 분의 1온스 정도의 무게만을 증가시킨다. 한 사람이 오랜 시간 육체노동에 투입하는 에너지의 무게는 60,000 분의 1온스에 불과하다.

이 발견을 통해 질량 보존의 원리를 복원시킬 수 있게 되었다. 질량은 정지질량과 에너지질량의 총합이며, 이들 각각 개별적으로 보존되기 때문에(전자는 물질이 보존되고, 후자는 에너지가 보존되기 때문에) 총 질량은 보존되어야 한다. 19세기의 물리학에서는 질량 보존을 오로지 물질 보존의 결과로만 간주했다.

20세기의 물리학은 에너지 보존도 관련되어 있다는 사실을 발견했으며, 이제 물질과 에너지가 따로따로 보존되기 때문에 질량이 보존되는 것으로 간주한다.

원자가 파괴되지 않는 영원한 것으로 간주되는 한, 맥스웰의 표현을 빌리자면 '우주의 불멸의 주춧돌'인 원자를 우주의 기본 구성요소로 취급하는 것은 당연한 일이었다. 간단히 말해 우주는 원자의 우주였으며 방사선은 단지 부차적인 존재였다.

원자는 종을 쳤을 때처럼 때때로 진동을 일으키고, 종이 소리를 내듯이 잠시 방사선을 방출했다가 다시 평소의 정지 상태로 돌아가는 것으로 여겨졌다. 하지만 방사선은 물질의 주요 구성요소로 간주되지 않았다. 이것이 바로 태양이 어떻게 수천만 년 이상 방사선을 계속 방출할 수 있는지를 상상할 수 없었던 이유가 된다. 햇빛은 원자의 진동에 의해 생성된다고 믿었지만, 그 진동을 유지하는 원리는 아무도 상상할 수 없었다.

방사선의 이해

원자가 전하를 띤 입자로 구성되어 있다는 사실을 알게 되자 그 즉시 상황이 바뀌기 시작했다. 대전입자(帶電粒子)로부터 아무리 멀리 떨어지더라도 그 인력(引力)과 척력(斥力)의 범위를 벗어날 수 없기 때문이다. 이것은 적어도 어떤 의미에서는 전자가 공간 전체를 차지해야 한다는 것을 보여준다.

패러데이와 맥스웰은 대전입자를 문어와 같은 구조, 즉 공간 전체에 '역선(力線, lines of force)'이라 불리는 일종의 더듬이 또는 촉수를 내뿜는 작고 단단한 물체로 묘사하여 이 문제를 보다 명확하게 설명했다.

전하를 띤 두 입자가 서로 끌어당기거나 밀어내는 것은 두 입자의 촉수가 어떻게든 서로를 붙잡고 밀거나 당겼기 때문이다. 이 촉수들은 전기적 힘과 자기적 힘으로 형성되는 것으로 추정되며, 여기에서 방사선이 형성되기도 한다. 원자가 방사선을 방출하면 마치 고슴도치가 가시를 버리는 것처럼 촉수 일부를 우주로 방출하는 것일 뿐이었다.

이 개념은 방사선과 물질을 이전의 그 어느 때보다 더 밀접한 관계에 놓이게 했다.

모든 종류의 방사선은 에너지의 한 형태이므로 아인슈타인의 원리에 따라 반드시 질량을 갖고 있어야 한다. 원자가 방사선을 방출하면 그 원자의 질량은 방출된 방사선의 질량만큼 줄어드는데, 이는 마치 고슴도치가 가시를 내버리면 그 무게가 가시의 무게만큼 줄어드는 것과 마찬가지이다. 따라서 석탄이 연소될 때 그 무게는 재와 연기에서 완전히 재현되는 것이 아니므로, 연소 과정에서 방출되는 빛과 열의 무게를 더해야만 한다. 그래야만 총계가 원래 석탄 조각의 무게와 정확히 일치한다.

1873년 맥스웰은 방사선이 떨어지는 모든 표면은 압력을 받을 것이라고 밝혔다. 지금 우리는 이것을 방사선이 질량을 갖고 있다는 사실의 필연적인 결과라고 생각하며, 광선은 초속 186,000마일의 빛의 속도로 움직이는 질량으로 구성되어 있다. 이후 레베듀Lebedew는 이 압력을 관찰했고, 니콜스Nichols는 그 양이 맥스웰의 계산과 동일하다는 것을 알아냈다.

마치 총알이 발사된 것처럼 밝은 빛에서 나오는 방사선의 충격으로 표적이 움찔하는 것을 볼 수 있다. 그러나 우리가 지구에서 경험하는 빛의 영향은 극히 미미하기 때문에 이 현상의 의미를 완전히 파악하려면 지구와 지상의 실험실에서 개발된 물리학을 떠나 하늘과 별들의 거대한 무대에서 작동하는 더 넓은 물리학으로 눈을 돌려야 한다.

일반적인 6인치 대포알을 태양의 중심이나 평균적인 별의 온도라고 예상하는 5천만도까지 가열하면, 소방호스에서 분사되는 물줄기처럼 방출되는 방사선은 50마일 이내로 접근하는 사람이면 누구든 단순한 충격만으로도 쓰러뜨리기에 충분하다.

실제로 별의 내부에서 이 방사선의 압력은 매우 커서 별 무게의 상당 부분을 지탱한다.

계산에 따르면 매분 약 1만 온스의 햇빛이 태양 바로 아래 1평방마일의 땅에 떨어지며, 빛의 속도로 떨어지다 정지할 때 약 0.000,000,000,4기압의 압력을 지구에 가한다고 한다. 이 수치는 터무니없이 작아 보인다. 1000년 동안 내리는 햇빛의 무게는 50분의 1초 동안 내리는 폭우의 무게보다 가볍다. 그러나 그 양이 적은 것은 1평방마일의 들판이 천문학적 공간에서는 대단히 미미한 대상이기 때문이다.

태양에 의한 방사선의 전체 방출량은 거의 정확하게 분당 2억 5천만 톤으로, 이는 런던 브리지 아래 물이 흐르는 평균 속도의 약 10,000배 정도에 해당한다. 그런데 만약 10,000이라는 계수가 틀렸다면 태양 방사선의 정확한 무게를 모르기 때문이 아니라 템즈강의 평균 유속을 정확히 모르기 때문이다. 천체 물리학은 지구상의 수리학(水理學)보다 훨씬 더 정밀한 과학이다.

별들의 수명을 계산하다

다른 별에서 일정한 무게의 방사선이 태양으로 떨어지지만, 흘러나가는 방사선의 무게에 비하면 매우 미미하다. 그래서 실제 물질이 분당 2억 5천만 톤에 가까운 속도로 태양으로 흘러들어가야만 태양이 그 무게를 유지할 수 있다.

태양은 우주를 여행하면서 원자와 분자, 먼지 입자, 유성의 형태로 떠도는 물질을 계속 쓸어 담아야 한다. 유성은 태양계에 엄청나게 많이 존재하는 작은 고체 물체로, 행성과 같은 궤도를 돌면서 태양 주위를 공전한다. 때때로 이들은 지구 대기권으로 돌진하는데, 지구로 떨어질 때 공기 저항으로 인해 백열이 발생하면서 별똥별처럼 보인다.

일반적으로 지표면에 도달하기 전에 분해되어 없어지지만, 간혹 공기 저항의 붕괴 효과를 견딜 수 있을 정도로 거대한 유성은 운석으로 알려진 바위의 형태로 지구에 떨어지기도 한다.

운석은 때때로 엄청나게 커서, 1908년 시베리아에 운석이 떨어지면서 공기의 폭발을 일으켜 광대한 지역의 숲을 황폐화시켰고, 고체 지구에 충돌한 충격은 수천 마일 떨어진 곳까지 파동을 일으켰다. 애리조나에 있는 둘레가 3마일에 달하는 거대한 분화구 모양으로 움푹 팬 지역은 선사시대에 거대한 운석이 떨어지면서 생긴 것으로 추정된다. 하지만 이런 거대 운석은 드물며 평균적인 운석은 체리나 완두콩보다 크지 않다.

샤플리Shapley는 매일 수천만 개의 별똥별이 지구 대기 속으로 들어오며, 각각의 별똥별은 먼지와 수증기로 변하고 지구의 무게는 그에 따라 증가한다고 추정했다. 초당 수십억 개로 추정되는 이보다 훨씬 더 많은 수의 별똥별이 태양으로 떨어질 것이며, 아마 이 별똥별이 태양이 쓸어담는 부유물질의 가장 큰 부분을 차지할 것이다.

그러나 샤플리는 태양에 떨어지는 운석 물질의 총 무게는 초당 2000톤을 거의 넘지 못하며, 이는 방사선에 의해 손실되는 무게의 2000분의 1에도 미치지 못한다고 추정한다. 따라서 균형을 고려할 때, 태양은 분당 2억 5천만 톤에 가까운 속도로 무게가 줄어들어야 하며, 걸프 해류의 빙산처럼 녹아 없어지고 있는 것이 거의 확실해 보인다. 다른 별들도 마찬가지일 것이다.

이 결론은 천문학의 일반적이고 광범위한 사실들과 잘 일치한다. 절대적인 증거는 없지만, 젊은 별이 늙은 별보다 무겁다는 증거는 많이 축적되어 있다. 단지 몇 백만 톤 정도 무거운 것이 아니라 많게는 10배, 50배, 심지어 100배까지 무겁다. 가장 간단한 설명은 별이 일생 동안 무게의 대부분을 잃는다는 것이다. 간단한 계산에 따르면 1분에 약 2억 5천만 톤의 속도로 무

〈사진 4〉 머리털자리(Coma Berenices)의 성운군(星雲群). 현존하는 가장 큰 망원경 (1930, 윌슨 산, 100인치)으로 하늘의 작은 조각을 촬영한 사진이다. 대부분의 천체는 성운으로, 빛이 우리에게 도달하는 데 5천만 년이 걸릴 정도의 거리에 있다. 각 성운에 는 약 수천만 개의 별 또는 별을 형성하는 물질이 포함되어 있다. 촬영할 수 있었던 성운 은 모두 약 200만 개였으며, 망원경의 범위를 벗어난 성운은 수십억 개가 더 있을 것이다.

게를 잃는 태양이 무게의 대부분 또는 상당 부분을 잃으려면 수십억 년*이 필요하다는 것을 알 수 있다. 그리고 다른 별들도 거의 똑같은 과정을 거치고 있기 때문에 일반적으로 별들의 수명을 수십억 년으로 추정하게 된다.

별의 수명을 추정할 수 있는 다른 방법들도 있다. 특히 우주에서 별의 움직임은 극도로 오래된 별의 역사를 분명하게 나타내고, 다시 수십억 년의 수명을 부여하게 한다. 우리는 우주에서 별들이 서로 멀리 떨어져 있다는 것을 확인했다. 지금까지 두 개의 별이 서로 가깝게 접근하는 경우는 매우 드물었다. 그러나 별들이 수십억 년이라는 엄청나게 긴 수명을 살았다면 각 별은 상당히 가까이 접근하는 경험을 여러 번 했어야 한다.

이 때 별들이 서로에게 가하는 중력은 일반적으로 행성을 찢어버릴 만큼 강하지는 않지만, 궤도에서 벗어나고 운동속도를 바꾸기에는 충분할 것이다. 두 개의 별이 하나의 별처럼 이중으로 연결되어 우주를 이동하는 쌍성계의 경우, 가까운 별의 중력이 쌍성계를 구성하는 두 별의 궤도를 다시 정렬한다.

이제 이러한 모든 효과를 자세히 계산할 수 있으므로 별이 우리가 잠정적으로 부여한 수십억 년의 엄청나게 긴 수명을 실제

---

* 태양의 수명 : 태양은 앞으로 약 50억년 정도 지금과 같은 모습으로 활동할 것으로 예측하고 있다. 태양에 남아있는 수소의 양으로 계산한 결과이다.

로 살았다면 앞으로 무엇을 기대할 수 있는지 정확하게 알 수 있다. 그리고 우리가 찾으려는 모든 것을 찾아내게 된다. 예상되는 모든 효과가 실제로 존재하며, 우리가 알 수 있는 한, 별들의 크기는 수십억 년 동안 살았다는 것을 나타낸다.

이 모든 것에 대해 매우 다른 결론을 가리키는 것처럼 보이는 또 다른 종류의 증거가 있는데, 이는 대단히 기술적이고 난해한 상대성이론의 가장 어려운 부분으로 우리를 안내하지만 자세히 논의해볼 필요가 있다.

구부러진 우주

다음 장에서 살펴보겠지만, 이 이론은 지표면이 굽어 있는 것처럼 우주 자체가 구부러져 있다는 것을 알려준다. 우주의 곡률은 일식 때 관찰되는 광선의 곡률과 행성과 혜성의 경로에서 중력의 '힘'에 기인하는 곡률의 원인이 된다. 이 이론에 따르면 물질의 존재는 '힘'을 만들어내는 것이 아니라 공간의 곡선을 만들어낸다. 한 가지씩 이해해보기 위해 잠시 공간이 구부러지는 유일한 원인이 물질의 존재라고 가정해보자.

그렇다면 물질이 전혀 없는 텅 빈 우주는 구부러지게 만들 물질이 없기 때문에 공간이 완전히 구부러지지 않고 크기는 무한할 것이다. 우주는 비어 있지 않기 때문에 포함된 물질의 양에 따라 우주의 크기는 결정된다. 우주에 물질이 많을수록 공간은 더 많이 휘어지고, 더 빠르게 다시 구부러질 것이며, 급격히 구부러지는 원이 서서히 구부러지는 원보다 작은 것처럼, 결과적으로 우주는 더 작아질 것이다.

비눗방울에 전기를 띠게 하는 널리 알려진 실험을 통해 이 개념을 더 명확하게 이해할 수 있다. 일반적인 방법으로 만든 비눗방울을 전기 기계의 접시 위에 올려놓는다. 기계가 작동하고 비눗방울이 서서히 충전되면서 크기가 점점 커지다 마침내 터진다. 우주의 크기가 물질의 양에 따라 달라지는 것처럼 비눗방울의 크기도 전기의 양에 따라 달라진다. 하지만 본질적인 차이점 두 가지가 있다.

첫째로 비눗방울은 그 구조에 내재된 일정한 곡률이 있기 때문에 충전되지 않은 상태에서도 크기가 일정하고 유한하지만, 우주는 물질이 없을 때 크기가 무한대라는 점이다.

두 번째는 전하를 증가시키면 비눗방울의 크기는 커지지만, 물질의 양을 증가시키면 우주의 크기는 작아지므로, 물질이 많을수록 그것을 담을 공간은 줄어든다.

아인슈타인은 우주를 비눗방울과 비슷하게 만들어 이 마지막 반대의견을 없애려고 시도했다.

그는 물질에 의해 생성되는 곡률 외에도 물질의 양이 증가하면 크기가 커지는 종류의 고유한 곡률이 있다고 상상했다.

그럼에도 불구하고 여전히 한 가지 두드러진 차이점이 있다. 우주의 중력 질량은 모두 서로 끌어당기지만 비눗방울의 전하들은 양이든 음이든 모두 비슷한 전하를 띠고 있기 때문에 서로 밀어낸다. 그 결과, 전기가 통하는 비눗방울은 매우 안정적인 구조가 된다. 전하를 조금 더 추가하면 약간 확장된 새로운 평형 위치로 차분하게 스스로 조정된다. 비눗방울을 흔들면 잠시 떨리다가 다시 안정된 상태로 돌아온다. 그러나 인력과 척력 사이의 차이 때문에 물질을 끌어당기는 비눗방울은 불안정해질 것이다. 수학자라면 왜 그래야 하는지 알 수 있을 것이다.

비록 액체막으로 이루어진 2차원의 비눗방울에서 우주로 가는 길은 멀지만, 최근 벨기에 수학자 아베 르메트르Abbe Lemaitre의 연구에 따르면 이 비유는 타당하며, 우리가 방금 논의한 우주는 불안정한 구조로 오래 머물지 못하고 한 번에 무한한 크기로 팽창하거나 한 점으로 수축할 수 있다는 것을 보여주었다. 따라서 노화된 우주의 실제 공간은 팽창하거나 수축하고 있어야 하며, 그 안의 다양한 물체들은 모두 서로 멀어지거나 서로를 향해 엄청난 속도로 돌진하고 있어야 한다.

르메트르의 결론은 우주의 크기는 정지 상태일 때 포함된 물질의 양에 따라 달라진다는 아인슈타인의 우주 개념에 기초하고 있다. 그러나 그 이전에는 드시터de Sitter 교수에 의해 우주에 대한 매우 다른 개념이 제시되었다.

아인슈타인과 마찬가지로 그는 우주가 공간과 시간의 고유한 속성에 의해 어느 정도의 곡률을 가지고 있다고 가정했다. 물질의 존재로 인한 곡률이 추가되었지만, 실제 우주에는 물질이 매우 드물게 분포되어 있기 때문에 공간과 시간의 특성으로 인한 곡률에 비하면 미미한 수준이다.

드시터는 우주의 속성을 수학적으로 연구하면서 우주의 공간이 팽창하거나 수축하는 경향과 그 안의 모든 물체가 서로 멀어지거나 서로를 향해 돌진하는 경향을 발견했다.

팽창하는 우주

처음에 드시터의 우주 개념은 아인슈타인의 초기 개념과 완전히 상반되는 것처럼 보였고, 수학자들은 두 개념 사이에 어떤 결정이 내려질 때까지 기다리는 것으로 만족했다. 그러나 르메트르의 연구는 이 두 개념이 경쟁적인 것이 아니라 상호보완적이라는 것을 보여준다. 아인슈타인의 불안정한 우주가 팽창함에 따라 그 안의 물질은 점점 더 희박해져 결국에는 드시터가 묘사한 것과 같은 텅 빈 우주가 된다.

아인슈타인과 드시터의 우주를 사슬의 양 끝에 위치한 것으로 상상할 수 있지만, 두 우주가 줄다리기를 하고 있다고 상상하는 것은 잘못된 생각일 수 있다. 그들은 단지 있음직한 우주의 한계를 표시할 뿐이며, 아인슈타인의 사슬의 끝 또는 그 근처에서 시작하는 우주는 사슬을 따라 드시터의 끝으로 서서히 미끄러져 가야 한다.

만약 우리 우주가 이러한 선 위에 만들어진 것이라면, 우리 앞에 놓인 문제는 사슬의 어느 끝에 있느냐가 아니라 사슬을 따라 얼마나 멀리 이동했는지가 될 것이다.

사슬의 양 끝에 있는 두 개의 이상적인 우주는 그 안에 있는 물체들이 모두 서로 멀어지거나 서로를 향해 돌진해야 한다는 점에서 유사하다. 이는 사슬의 양 극단뿐만 아니라 사슬 전체에도 해당된다. 상대성이론에 따라 우주가 만들어졌다면, 거의 확실하게 그렇듯이, 그 안에 있는 물체들은 서로 멀어지거나 서로를 향해 달려가야 한다.

이러한 결론은 매우 흥미롭다. 지난 몇 년 동안 멀리 떨어진 나선형 성운이 지구로부터, 아마도 서로가 엄청난 속도로 멀어지고 있으며, 우리가 우주로 더 멀리 물러날수록 그 속도가 점점 더 빨라진다는 사실이 언급되어 왔기 때문이다. 윌슨 산에서

100인치 망원경으로 가장 최근에 조사된 성운은 초당 15,000마일의 엄청난 속도로 멀어지고 있는 것으로 밝혀졌다. 윌슨 산에서 이 문제에 대해 특별한 연구를 진행했던 허블Hubble과 휴메이슨Humason은 상대성이론의 우주론이 옳다면 개별 성운이 우리로부터 멀어지는 속도는 대략적으로 거리에 비례해야 한다는 것을 발견했다. 빛이 우리에게 도달하는데 천만 년이 걸리는 성운의 속도는 초당 약 900마일이며, 다른 성운의 속도는 대략적으로 거리에 비례한다.

예를 들어, 〈사진 4〉에 표시된 성운의 빛은 우리에게 도달하는 데 5천만 년이 걸리며, 성운은 초당 약 4500마일의 후퇴 속도를 보여준다.

제시된 성운의 움직임을 거꾸로 추적하면 모든 성운이 불과 수천만 년 전에는 태양 부근에 모여 있었음을 알 수 있기 때문에 실제 수치가 중요하다.

이 모든 것은 우리가 불과 수천만 년 전에 팽창하기 시작하여 팽창중인 우주에 살고 있다는 것을 암시한다.

만약 이것이 맞다면 별에 수십억 년의 나이를 부여하는 것은 매우 어려울 것이다. 이것은 별들이 수십억 년 동안 서로 밀집되어 있거나 작은 공간으로 수렴되어 있었으며, 존재의 마지막 천분의 일 정도의 기간 동안인 최근에야 흩어지기 시작했음을 의미한다. 만약 가정된 후퇴의 움직임이 궁극적으로 사실로 밝혀진다면, 우주에 수천만 년 이상의 연대를 부여하는 것은 거의 불가능할 것이다.

　그러나 이러한 엄청난 속도가 실제인지 아닌지에 대해서는 많은 의문의 여지가 있다. 이 수치는 직접적인 측정 과정을 통해 얻은 것이 아니라 도플러의 원리를 적용해 추론한 것이다.

　자동차 경적에서 나오는 소음이 우리에게 다가올 때보다 우리에게서 멀어질 때 더 깊은(낮은) 음조로 들린다는 것은 일반적인 관찰 결과이다. 같은 원리로 멀어지는 물체가 방출하는 빛은 다가오는 물체가 방출하는 빛보다 더 붉은색으로 보이며, 빛의 색은 소리의 높낮이에 해당한다.

　천문학자는 잘 정의된 스펙트럼 선의 색을 정확하게 측정함으로써 스펙트럼 선을 방출하는 물체가 우리에게 접근하고 있는지 또는 우리에게서 멀어지고 있는지 알아낼 수 있으며, 그 운동속도를 추정할 수 있다. 멀리 있는 성운이 우리에게서 멀어지고 있다고 생각하는 유일한 이유는 우리가 성운으로부터 받는 빛이 정상적으로 받아야 하는 것보다 더 붉게 보이기 때문이다. 하지만 속도 외의 것들도 빛을 붉게 만들 수 있다. 예를 들어, 햇빛은 단순히 태양의 무게에 의해 붉어지고, 태양 대기의 압력에 의해 더 붉어지며, 다른 방식이기는 하지만 일출이나 일몰에서 볼 수 있듯이 지구 대기를 통과하는 동안 더 붉어진다.

다른 종류의 특정한 별이 방출하는 빛은 우리가 아직 이해하지 못하는 신비한 방식으로 붉어진다. 또한, 드시터의 우주이론에 따르면 거리만으로도 빛이 붉어지므로 멀리 떨어진 성운이 우주에 가만히 서 있어도 빛이 지나치게 붉게 보일 것이며, 우리는 성운이 우리에게서 멀어지고 있다고 추론하고 싶어질 것이다.

이러한 원인 중 어느 것도 관측된 성운의 빛이 붉어지는 것을 설명할 수 없는 것으로 보인다. 하지만, 최근 캘리포니아 연구소의 즈위키는 태양이 일식할 때 별빛이 휘어지는 것과 마찬가지로 별과 성운의 중력에서 붉어지는 또 다른 원인을 찾을 수 있다고 제안했다.

콤튼의 실험은 방사선이 우주에서 전자를 만나면 편향되고 붉어진다는 것을 보여준다. 방사선이 우주의 별이나 다른 물질과 중력으로 상호작용할 때 편향되는 것으로 알려져 있으며, 즈위키의 제안에 따르면 방사선이 붉어지는 것도 마찬가지이다.

이 제안을 시험하기 위해 텐 브루겐케이트Ten Bruggencate는 지구에서 거의 같은 거리에 있는 여러 구상성단(球狀星團)의 빛을 조사하면서, 중력 물질의 양을 매우 다양하게 선택했다. 이

빛은 붉어지는 것으로 나타났으며, 이것이 공간의 팽창으로 인한 것이라면 모든 성단에서 동일하게 나타나야 했다. 실제로는 균일하지 않은 것으로 판명되었으며, 즈위키의 이론에서 요구한 대로 개입된 물질의 양에 훨씬 더 비슷하게 비례했으며, 실제 양은 이론 공식으로 예측한 것과 충분히 일치했다.

우리 은하계에 속하는 구상성단이 체계적으로 지구에서 멀어질 수 있다고 상상하기 어렵기 때문에 나선 성운이 멀어지고 있다는 가정보다 즈위키의 이론이 빛이 붉어지는 원인에 대한 더 나은 설명을 제공한다.

팽창 우주를 검증하다

다른 증거들도 성운의 후퇴로 의심되는 것이 가짜일 수 있음을 시사한다. 예를 들어 가장 가까운 성운에서 나오는 빛은 평소보다 더 붉지 않고 더 푸르며, 빛은 실제 물리적으로 접근해야만 더 푸르게 만들 수 있으므로, 이는 가장 가까운 성운이 실제로 우리를 향해 오고 있다는 것을 의미할 수 있을 뿐이다.

또한 성운의 겉보기속도가 거리에 엄격하게 비례하는 것은 아니다. 예를 들어 700만 광년의 거리에 있는 것으로 추정되는 성운은 초당 640마일의 전체 속도 중 평균 초당 240마일의 편차를 보인다.

그럼에도 우주가 우리가 설명한 방식으로 만들어졌다면 성운 전체가 틀림없이 지구로부터 멀어지고 있어야 한다. 이론적 고려사항은 이것을 요구하고 그 이하로는 만족할 수 없지만 성운 운동의 속도를 알려주지는 않는다.

즈비키와 텐 브루겐케이트의 연구는 실제 후퇴 운동이 있다는 것에 의문을 제기하지 않는다. 의심의 여지가 있는 것은 이 운동이 천문학자들의 스펙트럼 선이 붉어진다는 추론과 동일한지의 여부이다.

아마 이 붉어짐의 대부분은 즈위키가 제안한 효과 또는 이와 유사한 원인에 기인한 것일 수 있으며, 소량의 잔여물만이 실제 후퇴의 운동을 나타낸다.

작은 효과는 큰 효과에 의해 완전히 가려지기 때문에 이 운동의 속도를 결정하는 것은 불가능하다.

이것은 여전히 열려있는 문제이지만, 일단 겉으로 보이는 후퇴 속도의 대부분이 가짜로 취급될 수 있다는 것이 받아들여지면 별의 짧은 수명을 선호하는 주장은 사라지고 우리는 천문학의 일반적인 증거가 요구하는 것처럼 보이는 수십억 년의 긴 수명을 별에 자유롭게 할당할 수 있게 된다.

이미 살펴본 바와 같이, 이러한 일반적인 증거는 태양이 약 수십억 년 동안 분당 2억 5천만 톤의 속도로 방사선의 형태로 질량을 쏟아부어 왔다는 것을 시사한다. 자세한 계산에 따르면, 젊은 별이 오래된 별보다 몇 배 더 질량이 크다는 일반적인 관측 사실에 따라 새로 태어난 태양은 현재 태양의 몇 배의 질량을 가졌음에 틀림없다. 방사선의 형태로 사라진 모든 질량을 어떤 형태로 저장할 수 있었을까?

전자 또는 기타 하전입자의 나머지 질량은 일반적으로 에너지 질량보다 엄청나게 크며, 후자는 고온에서 가장 중요하다고 가정한다. 현재 태양 중심 온도는 약 50,000,000도이며, 여기에서도 나머지 질량은 전체 질량의 200,000분의 1을 제외하고는 모두 차지한다. 새로 태어난 태양이 이보다 훨씬 더 뜨거웠을 가능성은 거의 없으므로, 태초의 태양 질량의 대부분도 나머지 질량에 존재했을 가능성이 높다.

그렇다면 태초의 태양은 지금보다 훨씬 더 많은 전자와 양성자, 따라서 훨씬 더 많은 원자를 포함하고 있었을 것이라는 결론을 내릴 수 있다. 이 원자들은 한 가지 방법으로만 사라질 수 있다. 즉, 소멸되었을 것이고, 그 질량은 태양이 수십억 년이라는 긴 수명 동안 방출한 방사선의 질량으로 표현되어야 한다.

이 주장은 실험실 물리학의 범위를 벗어난 개념을 다루고 있기 때문에 다소 불안정하다고 생각할 수 있다. 다행히도 최근 실험실 물리학은 절대적으로 결정적인 증거는 아니지만 물질의 소멸이 실제로 우주 깊은 곳에서 방대한 규모로 일어나고 있다는 사실을 확인할 수 있는 증거를 확보했다.

이 과정에서 생성되는 방사선은 별의 물질에 흡수되기 전에 매우 짧은 거리만 이동할 수 있기 때문에 별 내부에서 물질 소멸이 일어나고 있다는 직접적인 증거를 얻을 수 없었다. 이것은 가열되고 해당 에너지는 궁극적으로 별에서 매우 일반적인 빛과 열의 형태로 방출될 것이다.

천문학이 제시하는 사실들을 수학적으로 분석하면 원자 소멸 과정은 방사성 붕괴가 자연적으로 일어나는 것과 같은 방식으로 자연적으로 일어날 수 있다고 한다. 그렇다면 원자 소멸은 뜨거운 별의 내부에만 국한되지 않고 천체 물질이 충분히 풍부하게 존재하는 모든 곳에서 진행 중이어야 한다.

가장 간단한 형태로 이 과정은 하나의 전자와 하나의 양성자가 동시에 소멸하는 것으로 구성된다. 이 두 개의 하전입자가 점점 더 빠른 속도로 서로 끌어당기며 달려가다가 마침내 합쳐지고, 전하가 서로 중화되어 결합된 에너지가 앞에서 설명한 종류의 '광자'로 한 번의 섬광으로 방출되는 것을 생각하면 이 과정을 생생하게 상상할 수 있다.

원자가 방사선을 방출할 때 질량이 '보존'되는 방법은 이미 살펴보았다. 원자는 질량의 일정량을 나누어 가지지만 파괴되지 않고 광자에 의해 운반되어 광자의 질량으로 나타난다. 양성자와 전자가 서로 소멸하면, 그 결과 생성되는 광자는 사라진 양성자와 전자의 질량을 합한 것과 같은 질량을 가져야 한다.

이제 양성자와 전자의 결합 질량은 수소 원자의 질량과 정확히 같기 때문에 매우 정확하게 알려져 있다. 따라서 물질의 소멸이 실제로 일어난다면 수소 원자의 질량과 정확히 동일한 질량의 광자가 엄청나게 많이 우주를 가로지르고 있어야 하며, 그 중 일부는 지구에 떨어져야 한다.

어떤 종류의 원자가 갑자기 소멸되면서 전체 에너지가 광자로 방출되고 그 질량이 전체 원자의 질량과 같아지는 것을 상상할 수 있기 때문에, 이보다 훨씬 더 거대한 광자가 존재할 수도 있다.

새로운 입자

한 가지 가능성이 특히 흥미롭다. 우리는 모든 물질이 양성자와 전자로 이루어진 최후의 보루라고 믿지만, 양성자 4개와 전자 2개로 이루어진 특이한 구조로 거의 새로운 독립단위로 간주될 수 있는 입자가 있다. 방사성 물질에서 방출되는 방사능에서 두드러지며, 일반적으로 α입자라고 알려져 있다. 수소 다음으로 가장 단순한 헬륨 원자는 두 개의 전자가 공전궤도를 돌고 있는 α입자로 구성되어 있다. α입자는 양성자 두 개와 같은 전하를 가지므로 두 개의 전자와 합쳐져 소멸할 수 있으며, 이 경우 생성되는 광자는 헬륨 원자와 같은 질량을 갖게 된다.

이 두 종류의 광자는 일반적인 방사선의 광자보다 질량이 비교할 수 없을 정도로 크므로 즉시 알아볼 수 있어야 한다. 광자는 모두 빛의 속도인 균일한 속도로 이동하는 총알로 간주할 수 있다.

총에서 동일한 속도의 총알이 여러 개 발사되면, 더 큰 발사체가 더 큰 피해를 입힐 수 있으므로 관통력이 더 커진다. 광자가 섞여 있는 경우에도 마찬가지이며, 더 큰 광자일수록 관통력이 더 크다. 광자의 질량으로부터 광자의 관통력을 추론할 수 있는 수학 공식에 따르면 수소 또는 헬륨 원자의 질량을 가진 광자는 엄청난 관통력을 가져야 한다는 것을 알 수 있다.

우리는 이미 우주 공간에서 지구에 떨어지는 '우주 방사선'이라 불리는 고투과성 방사선에 대해 이야기한 바 있다. 오랫동안 이것이 진정한 방사선인지 아니면 전자의 흐름으로 구성된 것인지 전혀 명확하지 않았다. 전자가 두꺼운 납을 통과하려면 거의 상상할 수 없을 정도로 높은 에너지로 움직여야 하기 때문에 방사선일 가능성이 훨씬 더 높아 보였다.

이제 이 문제는 해결된 것으로 보인다. 우주 공간에서 지구로 떨어지는 전자의 소나기는 지구 자기장에 얽히게 되고, 이것이 전자의 운동에 영향을 미친다. 만약 전자가 관측된 우주 방사선의 투과력을 가질 만큼 충분히 빠르게 움직인다면, 계산에 따르면 거의 모든 전자가 궤도에서 벗어나 지자기극(地磁氣極) 중 한 곳 근처에 부딪힐 것이다.

지구 표면의 다른 지역에 있는 관측자들은 방사선이 모든 곳에서 강도가 동일하다는 것을 발견했다. 예를 들어, 영국과 뉴질랜드의 남극 탐험대는 극지방에서 멀리 떨어진 지역의 관측자들이 발견한 것과 동일한 강도의 방사선을 남극에서 250마일 이내에서 발견했다.

이를 통해 '우주 방사선'이 단순한 전자의 소나기가 아니라 진정한 방사선이라는 것을 합리적으로 확신할 수 있다. 따라서 이미 언급한 공식을 사용하여 관찰된 투과력에서 방사선의 광자 질량을 추론할 수 있다.

이 방사선의 투과력을 연구해온 많은 연구자들은 모두 방사선이 매우 다른 투과력을 가진 여러 구성 요소의 혼합물 또는 질량이 다른 광자의 혼합물이라는 것을 발견했다. 이제 투과력이 가장 높은 두 가지 성분은 질량이 헬륨 원자와 수소 원자의 질량과 거의 동일한 광자로 구성되어 있다는 사실이 매우 중요해 보인다.

다시 말해, 우주 저 깊은 곳 어딘가에서 양성자와 α입자가 소멸되고 있으며, 양성자는 전하를 중화하는데 필요한 단일전자와 결합하고 α입자는 같은 목적에 필요한 전자쌍과 결합한다면, 우리가 찾을 것으로 예상되는 유형의 광자일 뿐이다.

광자의 질량은 절대적인 정밀도로 측정할 수 없으므로 소멸에서 예상되는 질량이라고 절대적으로 정확하게 주장할 수 없다는 점을 설명해야 한다. 그러나 관찰이 허용하는 결과와 일치하는 정도는 거의 비슷해서, 각각의 경우 약 5퍼센트 이내로 일치하며 방사선의 투과력은 이보다 더 면밀하게 측정할 수 없다.

단순한 우연이라고 하기에는 너무 잘 일치하기 때문에 이 방사선이 양성자와 전자의 실제 소멸에서 비롯된 것일 가능성이 높다.

그럼에도 이 문제는 아직 논란의 여지가 있어서, 물리학자들이 보편적으로 받아들이는 것은 아니다. 특히 밀리칸Millikan은 우주 방사선이 더 단순하고 가벼운 원자로부터 무거운 원자가 만들어지는 과정에서 비롯된 것일 수 있으며, 따라서 '창조주가 여전히 일하고 있다'는 증거로 해석하고 있다.

방사선의 기원

가장 간단한 예를 들자면, 헬륨 원자는 수소 원자 4개와 정확히 동일한 성분, 즉 전자 4개와 양성자 4개를 포함하고 있지만 질량은 수소 원자 3.97개와 같을 뿐이다. 따라서 수소 원자 4개를 어떻게든 합쳐서 헬륨 원자를 만들 수 있다면 불필요한 질량인 0.03개의 수소 원자는 방사선의 형태를 띠게 되고, 수소 원자 질량의 3%를 가진 광자가 방출될 수 있다.

수소 원자 4개가 함께 떨어져 헬륨 원자를 형성하는 경우, 그 과정이 여러 단계로 진행되어 하나의 큰 광자가 아닌 여러 개의 작은 광자가 방출될 가능성이 높기 때문에 방출될 것이라고 말할 수는 없다. 그러나 방출된 에너지 전체가 하나의 큰 광자를 형성하더라도 실제 우주 방사선에 비해 투과력이 떨어질 것이다. 그러나 한 번의 대격변으로 129개의 수소 원자가 함께 떨어져 하나의 제논Xenon* 원자를 형성한다면, 그 과정에서 방출

---

* 원자 번호 54를 갖는 화학 원소이다. 지구 대기에서 극미량으로 발견되는 무색, 고밀도, 무취의 비활성 기체이다.

되는 단일 광자는 수소 원자와 질량이 거의 같으므로 실제 우주 방사선의 두 번째로 투과력이 높은 구성 요소와 동일한 투과력을 갖게 될 것이다.

방사선의 기원에 대한 이러한 관점에서, 덜 투과하는 성분은 제논보다 덜 복잡한 원자의 합성에서 비롯된 것으로 매우 쉽고 자연스럽게 설명할 수 있다. 반면에 가장 투과성이 높은 구성 요소는 상당히 어려운 문제를 안고 있는 것 같다.

수소 원자를 망치로 두드려 하나의 거대한 원자를 형성하는 과정에서 광자가 발생한다면, 이 원자는 원자량이 500에 가까워야 하는데, 이는 확률의 한계를 넘어선 것처럼 보인다.

두 번째로 투과성이 높은 성분이 제논 또는 이와 유사한 원자량을 가진 다른 원소의 합성에 의해 생성될 가능성도 거의 희박해 보이는데, 그러한 원자는 모두 극히 희귀하기 때문이다. 덜 침투하는 성분의 기원이 무엇이든, 가장 침투력이 강한 두 가지 성분은 물질의 소멸 이외의 다른 원인에 기인할 가능성이 거의 없다고 생각한다.

지구에 떨어지는 이 방사선의 양은 엄청나다. 밀리칸과 캐머론Cameron은 태양을 제외한 하늘의 모든 별에서 받는 총 방사선의 약 10분의 1로 추정했다. 은하수 너머 우주 깊은 곳에서도 투과율이 높은 방사선은 지표면만큼이나 풍부할 것이지만 별빛은 훨씬 적기 때문에 우주 전체를 평균적으로 볼 때 투과율이 높은 방사선은 아마도 가장 흔한 종류의 방사선이 될 것이다.

그 방대한 양은 부분적으로 높은 투과력으로 설명되며, 이는 거의 불멸의 힘을 부여한다. 평균적으로 수십억 년 동안 우주를 여행하는 방사선의 광선은 흡수할 물질을 거의 만나지 못한다. 따라서 우주는 세상이 시작된 이래로 생성된 거의 모든 우주 방사선으로 흠뻑 젖어 있다고 생각해야 한다.

그 광선은 우주에서 가장 먼 곳뿐만 아니라 가장 먼 시간에서도 메신저로서 우리에게 다가온다. 그리고 우리가 그것을 제대로 읽는다면 그들의 메시지는 우주의 역사에서 언젠가 어딘가에서 물질이 소멸되었으며, 이것은 소량이 아니라 엄청난 양이라는 것 같다.

별의 나이에 대한 천문학적 증거와 고도로 투과하는 방사선에 대한 물리적 증거를 함께 받아들여 물질이 실제로 소멸하거나 오히려 방사선으로 변형될 수 있다는 사실을 입증한다면, 이 변형은 우주의 근본적인 과정 중 하나가 된다.

물질의 보존은 과학에서 완전히 사라지고 질량과 에너지의 보존은 동일하게 된다. 따라서 물질, 질량 및 에너지 보존의 세 가지 주요 보존 법칙은 하나로 축소된다.

다양한 형태를 취할 수 있는 하나의 단순한 기본 실체, 특히 물질과 방사선은 모든 변화를 통해 보존되며, 이 실체의 총합이 우주의 전체 활동을 형성하며, 총량은 변하지 않는다. 그러나 그것은 지속적으로 그 질을 변화시키고 있으며, 이러한 질의 변화는 우리의 물질적 고향을 형성하는 우주에서 일어나는 주요 활동으로 보인다.

이용 가능한 모든 증거는 사소한 예외를 제외하고는 그 변화가 영원히 같은 방향으로, 즉 고체 물질이 실체가 없는 방사선으로 녹아내리는 것과 같이 유형이 무형으로 변화하는 방향으로 계속된다는 것을 나타내는 것 같다.

물질은 방사선일까

이러한 개념은 우주의 기본 구조와 매우 특별한 관계가 있기 때문에 어느 정도 길게 논의했다. 지난 장에서는 파동역학이 어떻게 우주 전체를 파동 시스템으로 축소하는지 살펴보았다. 전자와 양성자는 한 종류의 파동으로 구성되며, 방사선은 다른 종류의 파동으로 구성된다.

이번 장의 논의에서 물질과 방사선은 서로 다른 두 가지 형태의 파동으로 구성되지 않을 수 있다고 제안했다. 아래에서 살펴보겠지만, 일부 과학자들은 '나비가 번데기에서 나비로 변하는 것처럼, 나비가 번데기에서 다시 번데기로 변하는 것을 상상할 수 있다'고 덧붙일 필요가 있다고 생각할 수도 있다.

물론 이것이 물질과 방사선이 동일한 것이라는 뜻은 아니다. 물질이 방사선으로 변환되는 것은 여전히 의미가 있지만, 26년 전 처음 이 개념을 발전시켰을 때와는 비교할 수 없을 정도로 덜 혁명적으로 보인다.

우리가 모든 사실을 확실하게 안다고 해도(물론 그렇지도 않지만) 비전문적인 언어로 상황을 정확하게 표현하기는 어렵겠지만, 물질과 방사선을 두 종류의 파동, 즉 원을 그리며 돌고 도는 파동과 직선으로 이동하는 파동으로 생각하면 진실에 상당히 근접할 수 있을 것이다.

물론 후자의 파동은 빛의 속도로 이동하지만 물질을 구성하는 파동은 더 느리게 이동한다. 모샤라파Mosharrafa와 다른 학자들은 이것이 물질과 방사선의 모든 차이를 표현할 수 있으며, 물질은 정상 속도보다 느리게 이동하는 일종의 응축된 방사선에 불과하다고 제안하기도 했다.

우리는 이미 움직이는 입자의 파장이 속도에 따라 어떻게 달라지는지 살펴봤다. 이 의존성은 빛의 속도로 이동하는 입자가 질량이 같은 광자와 정확히 같은 파장을 갖는 것과 같다.

이 놀라운 사실과 다른 사실들은 궁극적으로 방사선이 빛의 속도로 움직이는 물질에 불과하고 물질은 빛의 속도보다 느린 속도로 움직이는 방사선으로 판명될 수 있다는 것을 시사하는 데 큰 도움이 된다. 하지만 과학은 아직 여기까지 도달하지 못했다.

이번 장과 이전 장의 주요 결과를 요약하면, 현대 물리학은 전체 물질 우주를 파동으로, 그리고 파동으로만 해석하려는 경향이 있다는 것이다. 이러한 파동에는 두 가지 종류가 있다. 우리가 물질이라고 부르는 병에 담긴 파동과 방사선 또는 빛이라고 부르는 병에 담겨 있지 않은 파동이다. 물질이 소멸하는 과정은 단지 갇혀 있던 파동에너지를 풀어 우주를 자유롭게 여행하도록 하는 과정일 뿐이다.

이러한 개념은 우주 전체를 잠재적이든 실존적이든 방사선의 세계로 축소하며, 물질을 구성하는 기본 입자가 파동의 속성을 많이 나타내야 한다는 사실이 더 이상 놀랍지 않게 느껴진다.

제4장 상대성과 에테르

에테르를 의심하다

우리는 현대물리학이 어떻게 우주를 파동시스템으로 축소 시켰는지 살펴보았다. 구체적인 무언가를 통과하지 않는 파동을 상상하기 어렵다면, 에테르 속의 파동을 생각해보자. 에테르를 '물결치다'라는 동사의 주격으로 정의한 사람은 솔즈베리 경 Lord Salisbury이었다. 이런 정의가 당분간 유효하다면, 우리는 에테르의 본질에 대해 깊이 생각하지 않고도 에테르를 가질 수 있다. 그리고 이것은 현대물리학의 경향을 매우 간결하게 요약할 수 있게 해준다.

현대물리학은 우주 전체를 하나 또는 그 이상의 에테르 속으로 밀어넣고 있다. 그렇다면 우주의 진정한 본질이 감추어져 있을 것이므로, 이러한 에테르의 물리적 특성을 면밀하게 조사해

보는 것이 적절할 것이다.

결론을 미리 말해두는 것이 좋겠다. 간단히 말해, 에테르와 에테르의 진동, 즉 우주를 형성하는 파동은 모두 허구일 가능성이 높다. 에테르가 전혀 존재하지 않는다고 말하려는 것은 아니다. 에테르가 우리의 정신 속에 존재하지 않는다면 논의조차 하지 않을 것이며, 에테르 또는 다른 어떤 개념이 우리의 정신 속에 자리 잡으려면 정신의 외부에 무언가가 존재해야 한다.

이 무언가에 우리는 일시적으로 '실재'라는 이름을 붙일 수 있으며, 과학이 연구해야 하는 대상은 바로 이 실재이다. 그러나 우리는 이 실재가 50년 전의 과학자가 에테르, 진동, 파동으로 의미했던 것과는 매우 다른 것임을 알게 될 것이다.

따라서 그의 기준으로 판단하고 잠시 그의 언어로 말한다면 에테르와 에테르의 파동은 전혀 실재가 아니라는 것을 알게 될 것이다. 하지만 우리가 경험이나 지식을 갖고 있는 가장 실제적인 것이기 때문에 가장 현실적인 것이기도 하다.

에테르라는 개념이 과학계에 등장한 것은 약 2000년 전이었다. 알려진 물질의 성질로는 어떤 현상을 설명할 수 없을 때 과학자들은 모든 곳에 적용되는 가상의 에테르를 만들어 설명에 필요한 특성을 정확하게 부여하여 어려움을 해결했다. 당연히

'원격작용(遠隔作用)'*이 필요해 보이는 문제에서도 이 방법에 의지하려는 특별한 유혹이 있었다.

물질은 위치해 있는 곳에서만 작용할 수 있고, 그렇지 않은 곳에서는 작용할 수 없다고 주장하는 것은 겉으로 보기에는 너무나 당연한 것이기 때문에, 그 반대의 주장을 하는 사람은 대다수의 동료들을 설득할 수 없다. 데카르트는 거리가 먼 곳에 분리된 천체가 있다는 것만으로도 그것들 사이에 매개체가 존재한다는 충분한 증거가 된다고 주장하기까지 했다.

따라서 철근에 가해지는 자석의 힘이나 떨어지는 사과에 가해지는 지구의 힘과 같이 기계적 작용을 전달할 수 있는 명확한 물질이 존재하지 않을 때, 모든 곳에 적용되는 에테르에 대한 유혹은 거의 물리칠 수 없었고, 에테르 습성이라 부를 만한 태도가 과학을 침범하게 되었다.

그래서 맥스웰은 이렇게 표현했다.

"에테르는 행성이 떠다니고, 전기를 띤 대기와 자성유체를 구성하고, 우리 몸의 한 부분에서 다른 부분으로 감각을 전달하기 위해 발명되었다가, 마침내 모든 공간이 다 채워질 때까지 에테르를 끌어들이게 되었다."

---

* 서로 떨어져 있는 두 물체가 중간 매질을 통하지 않고 순간적으로 힘을 주고받는 현상이다.

결국 물리학에서 해결되지 않은 문제들만큼이나 많은 에테르가 있었다.

에테르를 검증하다

50년 전만 해도 진지한 과학적 사고에서 살아남은 에테르는 방사선을 투과하는 것으로 알려진 발광에테르 하나뿐이었다. 이런 기능을 수행하는 데 필요한 에테르의 특성은 호이겐스 Huyghens, 토머스 영, 패러데이, 맥스웰에 의해 점점 더 정밀하게 정의되었다.

진동 또는 파동이 젤리를 통과하는 것처럼, 에테르는 파도가 통과할 수 있는 젤리 같은 바다라고 생각했다. 현재 우리가 알고 있듯이, 이러한 파동은 빛, 열, 적외선 또는 자외선, 전자기파, X선, Y선, 우주 복사의 다양한 형태 중 하나를 취할 수 있는 방사선이었다.

'광행차(光行差)'*라는 천문학적 현상과 다른 여러 가지 현상은 그러한 에테르가 존재한다면 지구를 비롯한 움직이는 모든 천체들이 방해받지 않고 통과해야 한다는 것을 보여준다. 또는 지

-----

* 지구의 공전으로 별빛의 겉보기 방향이 기울어져 관측되는 현상. 1727년 브래들리 Bradley는 이것을 이용해 빛의 속도를 측정했다.

구 위에 있는 우리의 관점에서 현상들을 연구한다면, 에테르는 '나무숲을 통과하는 바람처럼' 지구를 비롯한 단단한 천체들의 틈새를 방해 없이 통과해야 한다.

바람은 실제로 나무에 영향을 미치고 나뭇잎, 나뭇가지의 움직임으로 바람의 세기를 어느 정도 알 수 있기 때문에 이 비유는 부적절하다. 그러나 에테르를 통과하는 운동은 지구에 정지해 있는 단단한 물체를 조금도 방해할 수 없으며, 움직이고 있는 경우 그 운동에 영향을 미칠 수 없음을 알 수 있다. 그래서 우리는 자동차가 더 빠른 속도를 내는 것을 방해하는 요인을 논의할 때 공기 저항에 에테르 저항을 추가할 필요가 없다.

따라서 에테르가 존재한다면 에테르 바람이 시속 1마일로 불든 시속 1000마일로 불든 모두 동일하다. 이는 뉴턴이 〈프린키피아〉에서 주장한 역학 원리에 따른 것이다.

결론 V : 주어진 공간에 포함된 물체의 운동은 그 공간이 정지 상태이든, 원운동 없이 직선으로 균일하게 앞으로 이동하든 상관 없이 서로 동일하다.

계속해서 뉴턴은, '정지해 있을 때나 직선으로 균일하게 앞으로 나아갈 때나, 모든 운동이 동일한 방식으로 나타나는 배의 실험을 통해 그 명확한 증거를 얻을 수 있다.'고 했다.

이 일반적인 원리는 배 위에서 실시되는, 배에 국한된 실험만으로는 잔잔한 바다를 지나는 배의 속도를 알 수 없다는 것을 보여준다. 실제로 잔잔한 날씨에는 바다를 보지 않고는 배가 어느 방향으로 움직이는지 알 수 없다는 것이 일반적인 관찰 결과이다. 에테르 바람이 지상의 물체에 영향을 미쳤다면, 나뭇가지의 움직임이 일반적인 풍속을 나타내는 것처럼 에테르가 만들어낸 교란으로 그 속도를 알 수 있었을 것이다.

상황이 이렇기 때문에 다른 방법에 의지할 필요가 있다.

바다를 여행하는 사람은 배에 국한된 관측만으로는 배의 속도를 판단할 수 없지만, 바다를 자유롭게 관찰할 수 있다면 쉽게 속도를 판단할 수 있다.

그가 측연선(測鉛線)을 바다에 떨어뜨리면 원형의 물결이 퍼지지만, 선원들은 모두 선이 물속에 들어간 지점이 그 원의 중심에 머물지 않는다는 것을 알고 있다. 원의 중심은 물속에 고정되어 있지만 선의 진입 지점은 배의 움직임에 따라 앞으로 끌려가므로 진입 지점이 원의 중심에서 나아가는 속도에 따라 바다를 통과하는 배의 속도를 알 수 있다.

지구가 에테르의 바다를 헤치며 나아가고 있다면, 비슷한 맥락에서 고안된 실험을 통해 그 진행 속도를 밝혀내야 한다. 유명한 마이컬슨-몰리 실험은 바로 이런 목적을 위해 고안되었다. 지구는 배이며, 클리블랜드 대학교의 물리 실험실은 측연이 바다로 들어가는 지점이다. 측연이 떨어지는 것은 빛 신호의 방출로 표현되었고, 이 신호를 구성하는 광파가 에테르 바다에 잔물결을 일으킬 것으로 예상했다.

잔물결의 진행 상황을 직접 추적할 수는 없었지만, 거울을 설치해 신호를 출발점으로 반사시킴으로써 충분한 정보를 얻을 수 있었다. 이를 통해 빛이 두 번 왕복하는 데 걸리는 시간을 사실상 결정할 수 있었다.

지구가 에테르 속에 가만히 정지해 있다면, 주어진 길이의 이중 여행 시간은 우주에서의 방향에 관계없이 당연히 항상 동일할 것이다. 그러나 지구가 에테르의 바다를 통과하여 동쪽 방향으로 움직이고 있다면, 먼저 동쪽에서 서쪽으로, 그리고 서쪽에서 동쪽으로 이동하는 이중 여행은 남북 및 남북 방향으로 동일한 거리의 여행보다 약간 더 많은 시간이 소요된다는 것을 쉽게 알 수 있다.

노를 저어 상류로 100야드, 하류로 100야드를 가는 것이 개울을 가로질러 200야드를 가는 것보다 더 오래 걸리는 건 일반

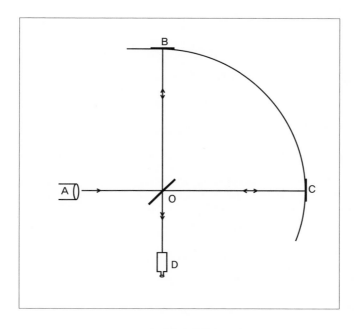

〈그림 1〉 마이컬슨―몰리 실험을 설명하는 다이어그램

광원 A에서 나온 빛은 반투명거울 O에 투사되어 절반은 OB를 따라 반사되고
나머지는 OB와 같은 길이의 OC를 따라 계속 나아간다. B와 C에 있는 거울은
빛을 다시 O로 반사하고, 각 광선의 절반은 작은 망원경 D로 전달된다. 한 쪽이
다른 쪽보다 뒤처지는 양은 전체 장치를 90° 회전시켰을 때 뒤처지는 양과 비교
한다. 이런 절차는 OB와 OC의 길이가 약간 달라서 발생하는 오차를 없애준다.

적인 경험으로 확인된 사실이다. 상류로 느리게 가고 하류로 빨리 오지만, 조류를 따라 내려갈 때 단축되는 시간은 거슬러오를 때 잃어버린 시간을 만회하기에 충분하지 않다.

동일한 속도로 노를 젓는 사람 두 사람이 동시에 출발하여 두 코스를 노를 젓는다면, 가로질러 노를 젓는 사람이 먼저 도착하고, 도착 시간의 차이로 물살의 속도를 알 수 있다. 마이컬슨–몰리 실험에서는 두 광선이 에테르를 통과하는 데 걸리는 시간의 차이로 지구의 운동 속도를 알 수 있을 것이라고 예상했다.

이 실험은 여러 번 실시되었지만 시간차를 전혀 알아차릴 수 없었다. 따라서 지구가 에테르의 바다로 둘러싸여 있다는 가설에 따라 이 실험은 에테르의 바다를 통과하는 지구의 운동속도가 0이라는 것을 보여주는 것처럼 보였다.

어느 모로 보나 태양과 만물 전체가 그 주위를 돌고 있는 동안 지구는 에테르 속에서 영구적으로 정지해 있는 이 실험 결과는 코페르니쿠스 이전 시대의 지구 중심적인 우주를 되살리는 것처럼 보였다. 하지만 지구는 초당 20마일에 가까운 속도로 태양 주위를 도는 것으로 알려져 있었고, 실험은 그 100분의 1의 속도도 감지할 수 있을 정도로 민감했기 때문에 이것이 진정한 해석일 가능성은 없었다.

피츠제럴드와 로렌츠의 수축가설

1893년 피츠제럴드와 1895년 로렌츠는 독자적으로 새로운 해석을 제안했다. 요컨대 그들은 동일한 길이의 두 코스를 두 개의 광선이 동시에 오가도록 만들려고 했다.

실험의 본질을 잃지 않으면서도 두 코스의 길이를 일반적인 측정막대로 측정하거나 비교했다고 생각하면 된다. 그들은 이 막대나 막대로 측정한 경로가 에테르의 바다를 통과하는 동안 정확한 길이를 유지한다는 것에 의문을 품었다.

배가 바다를 통과할 때 뱃머리에 가해지는 바다의 압력은 배의 길이를 줄어들게 한다. 말하자면, 뱃머리를 억누르려는 바다와 선미를 앞으로 밀어내려는 스크루 사이에서 아주 미세하게 수축되는 것이다. 같은 방식으로 공기 속을 달리는 자동차는 앞유리에 가해지는 역풍의 압력과 뒷바퀴의 전진 구동력 사이에서 압축되면서 수축된다.

마이컬슨과 몰리가 사용한 장치가 동일한 방식으로 수축된다면, 상류와 하류로 향하는 경로는 항상 가로지르는 경로보다 짧을 것이다. 이렇게 길이를 줄이면 상하류 경로의 다른 손실들을 보완할 수 있을 것이다.

정확하게 적절한 양의 수축은 이러한 단점을 완전히 보완할 수 있으므로, 두 가지 경로는 정확히 동일한 시간이 걸리게 될 것이다. 피츠제럴드와 로렌츠는 이러한 방식으로 0이라는 실험 결과를 설명할 수 있을 것이라고 제안했다.

이것은 전적으로 공상적이거나 가설적인 생각이 아니었다. 얼마 지나지 않아 로렌츠는 당시의 전기역학 이론에 따라 이러한 수축이 실제로 일어나야 한다는 것을 보여주었기 때문이다. 비록 선박이나 자동차의 수축과 완전히 유사하지는 않았지만, 이것만으로도 관련된 메커니즘에 대한 충분한 아이디어를 얻을 수 있었다.

실제로 로렌츠는 물질이 전하를 띤 입자로만 구성된 순수한 전기적 구조라면 에테르를 통과하는 운동으로 인해 입자들이 위치를 재조정하게 되고, 계산 가능한 양만큼 물체가 수축할 때까지 입자들이 다시 상대적인 정지 상태에 도달하지 않을 것이라고 밝혔다. 그리고 이 양은 마이컬슨-몰리 실험의 0이라는 결과를 설명하는 데 필요한 양이라는 것이 증명되었다.

이는 마이컬슨-몰리 실험이 실패한 이유를 완벽하게 설명해 줄 뿐만 아니라, 물질로 된 모든 측정막대는 에테르를 통과하는 지구의 움직임을 감추기에 충분할 정도로 수축할 수밖에 없으므로 유사한 모든 실험은 실패할 수밖에 없다는 것을 보여주었다. 그러나 과학에는 다른 유형의 측정막대가 알려져 있었다.

광선, 전기력 등은 한 지점에서 다른 지점까지 길이를 연장해 거리를 측정하는 수단을 제공할 수 있다.

물질 측정막대가 실패한 곳에서 광학 및 전기 측정막대를 이용해 성공할 수 있을 것으로 생각했다. 이러한 시도는 여러 가지 형태로 반복적으로 이루어졌으며, 매번 실패했다. 지구가 에테르를 통과하는 속도가 x라면, 인간의 지혜로 고안할 수 있는 모든 장치는 정확히 $-x$와 같은 가짜 속도를 추가하여 x의 측정을 혼란스럽게 만들었고, 따라서 원래 마이컬슨−몰리 실험의 명백한 0이라는 답을 반복해서 내놓았던 것이다.

상대성 원리

수년간의 끈질긴 실험의 결과, 자연의 힘은 예외 없이 에테르를 통과하는 지구의 움직임을 감추기 위해 완벽하게 조직된 음모의 당사자인 것처럼 보였다. 물론 이것은 과학자가 아닌 일반인의 언어이다. 일반인들은 자연의 법칙이 에테르를 통한 지구의 움직임을 감지하지 못하게 만든다고 말하는 것을 더 좋아한다. 두 가지 진술의 철학적 취지는 정확히 동일하다.

비과학적인 발명가는 자연의 힘이 자신의 영구운동기계가 작동하지 못하도록 음모를 꾸미고 있다고 절망적으로 외칠 수 있지만, 과학자는 그 장애물이 음모보다 훨씬 더 중대한 장벽이라는 것을 알고 있다. 즉, 그것은 자연법칙이다.

열성적이지만 깨달음을 얻지 못한 사회 개혁가와 무지한 정치인은 모두 경제 법칙의 작동 이면에서 은밀한 음모를 찾아내려는 경향이 있다.

1905년 아인슈타인은 '자연은 그 어떤 실험으로도 절대적인 운동을 결정하는 것이 불가능하다'라는 형식의 새로운 자연법칙을 제안했다. 상대성원리를 처음으로 공식화한 것이었다.

이상하게도, 그것은 뉴턴의 생각과 학설로 되돌아가는 것이었다. 뉴턴은 〈프린키피아〉에서 이렇게 썼다.

"항성들의 외딴 구역이나 그 너머에 절대적으로 정지해 있는 천체가 있을 수는 있지만, 우리 구역에 있는 천체들 사이의 위치로부터 그 먼 천체와 동일한 위치를 유지하지 않는 천체가 있는지의 여부는 알 수 없다. 따라서 우리 구역에 있는 천체의 위치로부터 절대 정지를 결정할 수는 없다."

그는 다음과 같이 덧붙여 이를 정당화했다.

"나는 여기에서 천체들 사이의 틈새를 자유롭게 관통하는 매질에 대해서는 전혀 고려하지 않았다."

다시 말해, 뉴턴은 모든 곳에 퍼져 있는 에테르가 없다면 공간을 통과하는 절대운동 속도의 측정은 불가능하다는 것을 깨달았고, 그러한 매질이 모든 물체의 운동을 측정할 수 있는 확고한 기준을 제공할 수 있다고 보았다.

절대 정지를 자유롭게 정의하다

200년 동안 과학계는 이 가상 매질의 속성을 논의하느라 분주하게 움직였고, 이제 아인슈타인은 모든 운동의 실제 속도를 측정할 수 있는 기준으로서 정지의 표준을 제공한다는 가장 중요한 속성을 단번에 박탈해 버렸다.

아인슈타인의 원리는 그 중요성이 보다 더 분명하게 드러나도록 다른 방식으로 설명할 수 있다. 천문학이 지금까지는 '항성들의 외딴 구역이거나 그 너머에' 절대적으로 정지해 있는 뉴턴의 천체를 발견하지 못했을 것이므로 정지와 운동은 여전히 상대적인 용어일 뿐이다.

정박해 있는 배는 상대적인 의미에서만 즉, 지구에 대해 상대적인 의미에서만 정지해 있지만 지구와 배는 태양에 대해 상대적으로 운동하고 있다. 지구가 태양 주위를 도는 궤도에 머물러 있다면, 배는 태양에 대해 상대적인 정지 상태가 되겠지만, 둘 다 여전히 주변의 별들 사이로 움직이고 있는 것이다.

별들을 통해 태양의 움직임을 확인하면, 멀리 떨어진 성운에 대한 전체 은하계 별들의 상대적인 움직임이 여전히 남아 있게 된다. 그리고 이 멀리 떨어진 성운들은 초당 수백 마일 이상의 속도로 서로를 향하거나 멀어지며, 우주로 더 멀리 나아갈수록 우리는 절대 정지의 기준을 찾을 수 없을 뿐만 아니라 점점 더 빠른 속도의 운동에 직면하게 된다.

우리를 안내할 모든 곳에 퍼져 있는 에테르가 없다면 절대 정지의 의미를 말할 수도 없을 뿐더러 그것을 찾기는 더더욱 어렵다. 이제 아인슈타인의 원리는 관찰 가능한 모든 자연현상에 관한 한, 우리가 원하는 방식으로 '절대 정지'를 자유롭게 정의할 수 있다는 것을 말해준다.

이것은 놀라운 메시지이다. 우리는 원한다면 이 방이 정지해 있다고 말할 완벽한 권리가 있으며 자연은 우리에게 아니라고 말하지 않을 것이다.

지구가 에테르를 통과하는 속도가 초당 1000마일이라면, 우리는 에테르가 '나무숲을 통과하는 바람처럼' 초당 1000마일로 이 방을 통과하고 있다고 가정해야 한다. 상대성원리에 따르면

이 방의 모든 자연 현상은 초속 1000마일의 바람에 전혀 영향을 받지 않으며, 바람이 초속 100,000마일로 불거나 바람이 전혀 없는 경우에도 마찬가지일 것이다.

가정된 에테르와 아무 관련이 없는 모든 기계적 현상이 동일해야 한다는 것은 놀랍지도 새롭지도 않다. 우리는 이것이 뉴턴에게 어떻게 알려졌는지 알고 있다. 그러나 에테르가 실제로 존재한다면, 광학현상과 전기현상이 이를 전파하는 에테르가 가만히 멈춰 있든, 초당 수천 마일의 속도로 우리를 지나쳐가든 동일해야 한다는 것은 놀라운 일이다. 그렇다면 바람을 일으킨다는 에테르가 실제로 존재하는지, 아니면 우리의 상상에 불과한 허구인지에 대한 의문이 제기될 수밖에 없다.

에테르 가설의 모순

에테르라는 존재는 모든 것은 기계적인 설명이 필요하다는 것을 당연하게 여기고, 빛의 파동을 비롯한 모든 전기 및 자기 현상을 전달하는 기계적 매체가 있어야 한다고 주장했던 물리학자들이 과학에 도입한 가설일 뿐이라는 것을 항상 기억해야 한다.

자신들의 믿음을 정당화하기 위해 그들은 에테르에서 밀고

당기고 비틀어지는 시스템을 고안하여 자연의 모든 현상을 공간을 통해 전달하고 관찰된 그대로 먼 곳까지 전달할 수 있다는 것을 보여주어야 했다.

밀고, 당기고, 비틀어주는데 필요한 시스템은 시간이 지나면서 발견되었지만 매우 복잡한 것이 되고 말았다. 에테르는 관찰된 효과를 전달할 뿐만 아니라 그 과정에서 자신의 존재를 숨겨야 했기 때문이었다. 실험자가 가만히 앉아 있을 때나, 초속 1,000마일로 에테르 속을 질주할 때나 하나의 메커니즘이 정확히 동일한 현상을 전달하도록 배열하는 것은 간단한 문제가 아니었다.

사실, 이렇게 고안된 메커니즘은 두 가지 경우에 서로 다른 두 가지 메커니즘을 가정해야 두 가지 현상을 동일하게 만들 수 있다는 치명적인 반대에 직면하게 되었다.

간단한 현상을 자세히 논의해보는 것으로 반대하는 이유를 설명할 수 있다. 이 미묘한 전달 방식에 따르면, 물체에 전기를 충전하면 마치 젤리 바다에 이물질을 강제로 넣는 것처럼 주변 에테르에 긴장 상태가 설정된다. 에테르 속에 정지해 있는 두 물체가 비슷한 전기로 충전되면 서로 반발하게 되고, 이 반발은 변형 상태가 만들어지는 에테르의 압력을 통해 전달되는 것으로 추정된다.

그러나 전하를 띤 두 물체가 에테르에서 정지하는 대신 동쪽에서 서쪽으로 초당 1000마일이라는 정확히 같은 속도로 에테르를 통과하고 있다고 가정해 보자. 두 물체는 여전히 서로에 대해 상대적인 정지 상태이므로 상대성원리에 따르면 관찰 가능한 현상은 두 물체가 에테르에서 절대 정지 상태일 때와 정확히 동일할 것이다. 그러나 이 두 번째 경우에는 전혀 다른 메커니즘이 현상을 만들어낸다. 반발의 일부는 여전히 에테르의 변형된 상태의 결과이지만 전부는 아니다. 나머지는 자기력 때문이며, 이는 에테르의 압력이나 장력으로 설명할 수 없고, 복잡한 사이클론이나 회오리바람의 시스템 때문이라고 해야 한다.

더 복잡한 전자기 현상은 일반적으로 전기력과 자기력의 조합에 의해 생성되며, 두 종류의 메커니즘은 에테르를 통해 서로 다른 운동 속도와 비율로 들어간다. 이러한 현상을 기계적으로 설명하려면 동일한 현상을 생성하는 두 가지 다른 메커니즘이 필요하게 된다.

동일한 결과에는 동일한 원인이 있어야 한다

상상할 수 있는 어떤 에테르가 이 두 가지 메커니즘을 모두 수용할 수 있다는 것은 아직 밝혀지지 않았다. 그러나 이것이 증명될 수 있다고 해도, 하나의 관찰 가능한 현상을 만들어내는 데 필요한 메커니즘의 이중성은 자연의 일반적인 작동 방식과 너무 상반되어 우리가 잘못된 길을 가고 있다고 느낄 수밖에 없다. 뉴턴의 중력이론이 사과가 나무에서 떨어지는 이유를 설명하기 위해 이중 메커니즘을 가정하면서 한 가지는 여름에, 다른 한 가지는 가을에 작동한다고 덧붙였다면 받아들여질 가능성은 거의 없었을 것이다.

뉴턴 자신도 이런 종류의 중복 메커니즘을 피해야 한다고 강조했다. 그의 〈프린키피아〉에는 '철학의 추론 규칙'이 포함되어 있으며, 그 중 처음 두 가지는 다음과 같다.

‡ 규칙 I

"우리는 자연현상을 설명하기에 충분하고 진실한 것 이상의 원인을 더 이상 인정하지 않아야 한다.

이를 위해 철학자들은 자연은 헛된 일을 하지 않으며, 더 적은 것이 도움이 될 때 더 많은 것은 헛된 것이라고 말한다. 자연은 단순함에 만족하고 불필요한 원인의 화려함에 영향을 미치지 않기 때문이다."

† 규칙 II

"그러므로 우리는 가능한 한 동일한 자연적 결과에는 동일한 원인을 부여해야 한다. 사람과 짐승의 호흡, 유럽과 아메리카에서 돌의 하강, 요리용 불과 태양의 빛, 지구와 행성에서 빛의 반사는 동일한 원인에서 비롯된다."

그러나 빛을 전하는 에테르가 방사선과 전기 작용을 전달한다고 가정하는 것에 반대하는 더 강력한 사례가 있다.

전기, 자기, 빛은 모두 에테르를 통해 우리가 움직임을 감지하지 못하도록 음모를 꾸미는 것처럼 보이지만 중력은 여전히 남아 있으며, 이는 항상 물리학의 다른 현상과 분리되어 완전히 다른 성격을 가진 것처럼 보였다. 이제 중력의 법칙은 거리라는 개념을 포함하며, 두 물체 사이의 중력은 서로 떨어진 거리에 따라 달라지므로 같은 거리에서는 중력이 같다고 주장한다. 따라서 적어도 이론적으로는 중력의 법칙은 거리 측정을 위한 측정막대를 제공한다.

전기 작용을 전달하는 에테르는 중력 작용도 거의 전달할 수 없는데, 왜냐하면 우리가 부여할 수 있는 모든 성질은 전기와 자기력의 전달을 설명하는데 다 사용되기 때문이다. 따라서 중력의 법칙이 제공하는 측정막대는 피츠제럴드-로렌츠 수축으로부터 자유로울 것으로 예상할 수 있으며, 이러한 측정막대를 마음대로 사용하여 우주를 통과하는 지구의 속도를 측정할 수 있어야 한다.

가장 간단한 구체적인 사례를 통해 그 가능성을 살펴보자. 지구를 이상화하여 완벽한 구체(球體)라고 생각해보자. 이제 지표면의 모든 지점이 중심으로부터 같은 거리에 있으므로 중력은 전적으로 동일하다.

이 이상적인 지구가 이제 초당 1000마일의 속도로 에테르를 통과해 움직이게 되면 일반적인 피츠제럴드-로렌츠 수축으로 인해 직경이 운동 방향으로 약 600피트 줄어들고, 이 수축된 직경의 끝에 있는 점이 지표면의 다른 점보다 지구 중심에 더 가까워진다. 그로 인해 지표면의 이동 가능한 모든 물체는 이 두 점으로 미끄러져 내리는 경향이 있을 것이다.

설사 존재한다고 해도, 우리가 이상적으로 가정한 산과 계곡의 불규칙성이 600피트 수축을 쉽게 감출 수 있기 때문에 이 특별한 효과를 실제로 지구에서 관찰하기에는 너무 미미할 것이다. 그러나 비슷한 종류의 다른 중력 현상, 특히 행성 주변부의 움직임은 관측을 인정할 수 있을 만큼 충분히 크다.

말하자면 중력이 에테르를 통한 움직임을 감추기 위해 자연의 다른 힘들과 함께 작용한다는 것을 보여준다. 물질 측정막대가 피츠제럴드-렌츠 수축을 겪는다면 중력의 법칙에 의해 제공되는 길이 측정도 마찬가지이다.

그러나 중력은 에테르를 통해 전달될 수 없기 때문에 중력법칙의 측정막대가 어떻게 이 수축의 영향을 받을 수 있는지 알기 어렵다. 결국 피츠제럴드-로렌츠 수축이 전혀 일어나지 않는다는 결론을 내릴 수밖에 없으며, 그로 인해 기계적 에테르를 포기할 수밖에 없게 만든다.

오컴의 면도날과 새로운 지도원리

우리는 새롭게 시작해야 한다. 우리의 어려움은 모두 자연의 모든 것, 특히 빛의 파동을 기계적으로 설명할 수 있다고 가정하고 우주를 거대한 기계로 취급하려 했던 초기 가정에서 비롯된 것이다. 이것이 우리를 잘못된 길로 이끌었기 때문에 우리는 다른 지도원리를 찾아야 한다.

기계적인 설명보다 더 안전한 가이드는 '필요한 것 이상으로 많은 실체가 존재하면 안된다.'는 윌리엄 오컴William of Occam*이 제시한 원칙이 제공한다. 즉, 우리는 그렇게 할 수밖

---

* 오컴의 면도날Ockham's Razor: 단순성의 원리. 같은 현상을 설명하는 두 가지 주장이 있다면, 간단한 쪽을 선택하라.

에 없는 상황이 되기 전까지는 어떤 실체의 존재를 가정해서는 안 된다.

그 철학적 내용은 위에서 인용한 뉴턴의 철학적 추론의 첫 번째 원칙과 동일하다. 이 원칙은 지극히 파괴적이어서, 현재로서는 '빈 공간'을 통해 기계적 작용을 전달하는 기본 에테르가 있는 기계적 우주라는 가정에서 무언가를 제거해버리고 그 자리에 대신 넣을 수 있는 것은 제공하지 않는다.

이 간극을 메우는 확실한 방법은 '자연은 어떤 실험으로도 절대적인 운동을 결정하는 것이 불가능하다'는 상대성원리를 도입하는 것이다. 언뜻 보기에는 에테르의 취소로 인한 공백을 메울 수 있는 이상한 가설로 보일 수 있다.

두 가설은 성격이 너무 달라서 두 번째 가설이 첫 번째 가설이 그랬듯이 동일한 공간을 메울 수 있어야 한다는 것이 믿기지 않을 수 있다.

에테르의 주요 기능은 고정된 기준 프레임을 제공하는 것이었고, 그 외의 모든 특성은 관찰된 자연의 체계를 우리의 예비 가정과 조화시키려는 노력에 필요한 부수적인 것이었다. 본질적으로 상대성이론은 이 예비 가정을 부정하는 것을 의미할 뿐이므로 이 둘은 정확히 정반대이다.

그렇기 때문에 그들 사이의 문제는 명확하며, 실험을 통해 그것을 결정할 수 있다. 우리는 에테르를 검출하려는 모든 실험적 노력들이 어떻게 실패했는지 보았고, 그 과정에서 상대성 가설에 대한 확신을 더했다. 지금까지 수행된 모든 실험은 우리가 아는 한 상대성 가설을 지지하는 방향으로 결정되었다.

이렇게 기계적 에테르 가설이 무너지고 상대성원리가 그 자리를 대신하게 되었다.

기적의 해 1905년

혁명의 신호탄은 1905년 6월 아인슈타인이 발표한 짧은 논문이었다. 이 논문이 발표되면서 자연의 내부 작용에 대한 연구는 공학-과학자로부터 수학자에게 넘어갔다.

지금까지 우리는 공간을 우리 주변의 것으로, 시간은 우리를 지나치거나 심지어 통과하는 것으로 생각했다. 시간과 공간은 모든 면에서 근본적으로 다른 것처럼 보였다. 공간에서는 발자취를 되짚을 수 있지만 시간에서는 결코 되돌릴 수 없고, 공간에서는 원하는 대로 빠르거나 느리게, 또는 전혀 움직이지 않을 수 있지만 시간이 흐르는 속도는 누구도 조절할 수 없으며, 우리 모두에게 똑같은 속도로 흘러간다. 그러나 4년 후 민코프스키Minkowski가 해석한 아인슈타인의 첫 번째 결과는 자연은 이 모든 것에 대해 아무것도 모른다는 놀라운 결론을 담고 있었다.

우리는 이미 물질의 구조가 전기적이어서 모든 물리적 현상은 궁극적으로 전기적이라는 것을 확인했다.

민코프스키는 상대성이론에 따르면 모든 전기적 현상은 지금까지 생각했던 것처럼 공간과 시간이 분리되어 있는 것이 아니라, 결합의 흔적을 발견할 수 없을 정도로 완벽하게 결합된 공간과 시간 속에서 일어나는 것이며, 자연현상 전체를 공간과 시간으로 분리할 수 없을 정도로 철저하게 결합된 것으로 생각해야 한다는 것을 보여주었다.

시간이라는 차원

길이와 너비를 합치면 크리켓 경기장이라는 면적이 생긴다. 투수에게는 '앞으로'가 타자에게는 '뒤로'가 되고 심판에게는 왼쪽에서 오른쪽으로 향하는 방향이 되는 등, 각 구성원마다 각기 다른 방식으로 이 영역을 두 가지 차원으로 나눈다. 그러나 크리켓 공은 이러한 구분을 전혀 알지 못한다. 크리켓 경기장의 면적을 분할할 수 없는 전체로 취급하는 자연의 법칙에 따라 길이와 너비가 분화되지 않은 하나의 단위로 용접된 채로 타격된 곳으로만 간다.

크리켓 경기장과 같은 2차원의 면적과 1차원의 높이를 결합하면 3차원의 공간을 얻을 수 있다. 지구 근처에서는 중력을 이용해 공간을 '높이'와 '면적'으로 구분할 수 있다.

예를 들어, 높이의 방향은 크리켓 공을 주어진 거리까지 던지기 가장 어려운 방향이다. 그러나 우주에서는 자연이 이러한 분류에 영향을 미칠 수 있는 수단을 제공하지 않는다. 자연법칙은 수평과 수직이라는 순전히 국소적인 인간의 개념을 전혀 알지 못하며, 공간을 구분할 수 없는 3차원으로 구성된 것으로 취급한다.

용접 과정을 통해 우리는 1차원에서 2차원으로, 다시 2차원에서 3차원으로 상상의 나래를 펼쳤다. 3차원에서 4차원으로 넘어가는 것은 4차원 공간에 대한 직접적인 경험이 없기 때문에 더 어렵다. 특히 우리가 논의하고자 하는 4차원 공간은 그 차원 중 하나가 일반 공간이 아니라 시간으로 구성되어 있기 때문에 상상하기는 더욱 어렵다.

상대성이론을 이해하기 위해서는 3차원의 일반 공간에 1차원의 시간을 용접한 4차원 공간을 상상해야 한다. 우선 1차원의 일반 공간, 즉 길이와 1차원의 시간을 용접하여 얻은 2차원 공간을 상상해보는 것으로 한 가지씩 이해해보도록 하자. 〈그림 2〉가 개념을 이해하는 데 도움이 될 수 있다.

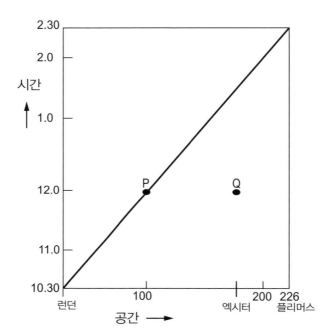

〈그림 2〉 열차의 움직임을 설명하는 도표

이것은 오전 10시 30분에 런던의 패딩턴 역을 출발하여 오후 2시 30분에 226마일 떨어진 플리머스에 도착하는 열차의 운행 공간과 시간 일정을 도표 형식으로 나타낸 것이다.

가로선은 두 역을 연결하는 226마일의 선로를 나타내고 세로선은 열차가 운행하는 오전 10시 30분부터 오후 2시 30분까지의 시간 간격을 나타낸다.

굵은 선은 기차의 진행 상황을 나타낸다. 예를 들어 이 선 위의 점 P는 정오 12.0시와 마주보고 있으며, 패딩턴에서 91½ 마일 거리 위에 있으므로 기차가 정오까지 91½ 마일을 이동했음을 나타낸다.

반면에 Q와 같은 점은 정오에 엑시터 근처 어딘가에 있는 지점을 나타내며, 기차가 정오까지 엑시터에 도착하지 않았기 때문에 굵은 선 위에 놓이지 않는다.

다이어그램의 전체 영역은 오전 10시 30분에서 오후 2시 30분 사이에 패딩턴과 플리머스 사이의 선로에서 가능한 모든 지점을 나타낸다. 따라서 길이, 즉 226마일의 선로와 시간, 즉 정오 무렵의 4시간을 용접하여 공간의 한 차원과 시간의 한 차원을 갖는 영역을 얻었다.

4차원 연속체

같은 방식으로 우리는 3차원의 공간과 1차원의 시간이 서로 용접되어, 앞으로 '연속체'라고 설명할 4차원의 부피를 형성한다고 상상할 수 있다.

민코프스키가 해석한 상대성원리에 따르면 전자기학의 모든 현상은 공간과 시간을 절대적으로 분리할 수 없는 4차원의 연속체(3차원의 공간과 1차원의 시간)에서 발생하는 것으로 생각할 수 있다. 즉, 이 연속체는 크리켓 경기장에서 길이와 너비가 완벽하게 하나로 합쳐져 있어 날아가는 크리켓 공이 그 둘을 구분할 수 없는 것처럼, 공간과 시간이 완전히 하나로 합쳐져 있어 자연법칙이 그 둘을 구분하지 않는, 단지 길이와 너비를 따로 구분하는 것이 의미가 없어진 영역으로 취급되는 연속체라고 할 수 있다.

〈그림 2〉는 이 연속체를 상상하는데 아무런 도움이 되지 않으며, 단지 도식일 뿐이고, 실제 시간과 길이의 용접을 실제로 나타내는 것이 아니라 단지 한 길이와 다른 길이의 용접을 나타내며, 모두가 알다시피 한 면적(이 경우 책의 한 페이지)을 제공한다는 반론이 있을 수 있다.

4차원 연속체도 거의 같은 의미에서 순전히 도식적이라는 최종 결론을 내릴 것이기 때문에 이 반대에 대해 오래 고민할 필요는 없다. 〈그림 2〉가 기차가 달리는 모습을 보여주기 위해 편리한 틀을 제공하는 것처럼, 4차원 연속체도 자연의 작동을 보여주기 위한 편리한 틀을 제공할 뿐이다.

그러나 우리가 이 틀 안에서 모든 자연을 보여줄 수 있다고 해서 그것이 객관적인 현실과 일치하는 것은 아니다.

공간과 시간으로 구분하는 것은 객관적인 것이 아니라 주관적인 것일 뿐이다. 당신과 내가 서로 다른 속도로 움직이고 있다면 공간과 시간은 당신에게 의미하는 것과 나에게 의미하는 것이 다르며, 우리가 서로 다른 방향을 향하고 있다면 '앞'과 '왼쪽'이 우리 둘에게 다른 의미를 갖는 것처럼, 또는 투수와 타자가 크리켓 경기장을 서로 다른 방식으로 나누는 것처럼 우리는 연속체를 공간과 시간으로 나눈다.

내가 자동차의 브레이크를 밟거나 달리는 버스에 올라타서 내 자신의 운동속도를 바꾸더라도, 나는 나 자신의 힘으로 연속체의 분할을 공간과 시간으로 재배치하고 있는 것이다. 상대성이론의 핵심은 자연은 이러한 연속체의 공간과 시간 분할에 대해 아무것도 모른다는 것이다. 민코프스키의 말을 빌리자면 '공간과 시간은 따로따로 가장 단순한 그림자 속으로 사라졌으며, 그 둘의 조합만이 모든 현실을 보존한다.'

이것은 '모든 공간'을 채운다고 주장하며 연속체를 시간과 공간으로 객관적으로 나눈 오래된 빛을 전하는 에테르가 필연적으로 사라질 수밖에 없었던 이유를 단숨에 보여준다. 그리고 그러한 분할을 가능성으로 인정하지 않는 자연법칙은 에테르의 존재를 가능성으로 인정할 수 없다.

상대성이론과 에테르

따라서 광파와 전자기력의 전파를 에테르의 교란으로 생각하여 시각화하려면 우리의 에테르는 맥스웰과 패러데이의 기계적 에테르와는 매우 다른 것이어야 한다. 전체 연속체를 채우고 모든 공간과 모든 시간을 통해 확장되는 4차원 구조로 생각할 수 있으며, 이 경우 우리는 모두 동일한 에테르를 가질 수 있다. 또는 3차원 에테르를 원한다면 맥스웰-패러데이의 에테르와는 다른 방식으로 주관적이어야 한다. 그러면 소나기가 내릴 때 관찰자마다 각자의 무지개를 보는 것처럼 우리 각자는 자신의 에테르를 가지고 다녀야 한다.

햇볕이 내리쬐는 소나기 속에서 몇 발자국 걸으면 새로운 무지개를 보듯이, 내가 운동속도를 바꾸면 나 자신을 위한 새로운 에테르가 만들어진다. 그리고 위에서 설명한 팽창하는 우주가 순수한 환상이 아니라면, 모든 사람의 에테르는 끊임없이 팽창하고 늘어나야 한다. 이런 종류의 구조를 에테르라고 불러야 하는지는 의문의 여지가 있으며, 19세기의 에테르와 어떤 공통점도 찾기 어려울 것이다.

실제로 상대성이론의 가설은 오래된 에테르의 존재를 정확히 부정하는 것이므로, 상대성이론이 존재하도록 허용할 수 있는 에테르는 오래된 에테르와 정반대여야 한다는 것은 분명하다. 그렇기 때문에 동일한 명칭으로 부르는 것은 헛수고로 보인다.

나는 이 모든 것에 대해 유능한 과학자들 사이에 실질적인 의견 차이가 있다고 생각하지 않는다. 아서 에딩턴 경Sir Arthur Eddington은 진정으로 주요 물리학자의 약 절반이 에테르가 존재한다고 주장하고 나머지 절반은 그 존재를 부인하지만 '두 당사자는 정확히 같은 것을 의미하며 단어로만 나뉜다.'

최근 몇 년 동안 에테르의 객관적 존재를 가장 강력하게 지지해온 올리버 로지 경Sir Oliver Lodge은 다음과 같이 썼다.

"다양한 형태의 에너지인 에테르는 현대 물리학을 지배하고 있지만, 많은 사람들이 19세기의 연상 때문에 '에테르'라는 용어를 피하고 '공간space'이라는 용어를 선호한다. 사용되는 용어는 크게 중요하지 않다."

에테르는 추상개념이다

분명히 우리가 에테르에 대해 말하든 공간에 대해 말하든, 에테르의 존재 또는 비존재에 대해 말하든 무관심하다면, 가장 열렬한 신봉자조차도 에테르에 대해 객관적인 실체를 주장할 수 없을 것이다. 에테르를 바라보는 가장 좋은 방법은〈그림 2〉가 하나의 기준 프레임인 것처럼 에테르의 존재는 적도나 북극, 그리니치 자오선처럼 실재하는 동시에 비실재하는 것으로 보는 것이다.

그것은 구체적인 물질이 아니라 생각의 산물이다. 우리는 당신의 에테르나 나의 에테르와 구별되는 우리 모두에게 동일한 에테르가 모든 시간뿐만 아니라 모든 공간에 퍼져 있어야 하며, 시간과 공간의 점유 사이에 유효한 구분을 그릴 수 없다는 것을 보았다.

우리가 에테르의 시간적 차원을 비교해야 하는 시간의 틀은 하루를 시, 분, 초로 나누는 것으로 이미 준비되어 있다. 그리고 우리가 이 구분을 물질로 생각하지 않는 한, 에테르를 물질로 생각하는 것은 정당화할 수 없다. 상대성이론이 과학에 던진 새로운 관점에서 보면, 공간을 채우는 물질적 에테르는 시간을 채우는 물질적 에테르를 동반할 수밖에 없으며, 이 둘은 함께 있거나 함께 사라진다.

따라서 우리는 에테르를 기껏해야 '국지적인 거주지이자 명칭'일 뿐인 순수한 추상개념으로 생각하는 것이 상당히 안전해 보인다. 하지만 무엇을 위한 국지적인 거주지라는 것일까? 우주는 파동으로만 구성되어 있으며, 우리는 처음에 에테르를 '물결치다'라는 동사의 주격으로 소개했다. 우리가 지금 고려하고 있는 완전히 실체가 없는 에테르는 적도나 그리니치 자오선이 그렇듯이 파동을 일으킬 수 없기 때문에 이 개념은 이제 버려야 한다.

물론 이 비물질적인 매체를 통해 파동치는 어떤 것도 전파될 수 없다는 것은 아니다. 우리는 열파나 자살파에 대해 말하면서 이를 전달하기 위해 파동치는 매개체를 요구하지 않는다. 열파는 적도를 따라 전파될 수 있고, 자살파는 그리니치 자오선을 따라 전파될 수 있다.

에테르가 존재한다는 직접적인 증거를 얻을 수는 없지만, 일반적으로 빛의 비파동성을 증명하기 위해 취하는 모든 현상, 즉 뉴턴의 고리, 회절패턴, 간섭현상에서 에테르를 통과하는 파동의 본질에 대한 증거를 찾을 수 있다고 생각할 수는 있다. 그러나 그렇지 않다. 왜냐하면 우리에게 파동을 드러내는 물질입자가 있는 경우를 제외하고는 가정된 파동에 대한 지식이 없기 때문이다.

수학적 추상개념으로 인정하다

방금 언급한 현상들은 에테르를 통과하는 사물에 대한 지식이 아니라 오직 물질에 떨어지는 사물에 대한 지식만 제공한다. 우리가 아는 한, 수학적 추상개념 이상으로 더 구체적인 것은 전혀 전파되지 않는다. 이것은 지구가 태양 아래에서 자전할 때 천문학적인 정오가 지구 표면 위로 전파되는 것과 같다. 하지만 이 단계에서 물리학자가 이의를 제기하는 것을 상상해 본다면 다음과 같은 내용이 될 것이다.

물리학자 문 밖의 햇빛은 태양에서 생성된 에너지를 나타냅니다. 8분 전에는 태양에 있었지만 지금은 여기에 있습니다. 따라서 햇빛은 태양에서 온 것이 틀림없고, 따라서 태양과 우리 사이에 있는 공간을 통해 이동했을 겁니다. 그렇다면 에너지는 공간을 통해 전파되어야 하는 것 같습니다.

수학자 그 문제를 최대한 정확하게 만들어봅시다. 내가 밝은 햇빛 아래에 앉아 책을 읽고 있을 때 1초 동안 책 위에 떨어지는 햇빛처럼 확실한 햇빛에 주의를 집중해봅시다. 당신은 이것이 8분 전에는 태양에 있었다고 말합니다. 4분 전에는 태양과 우리 사이의 중간 지점인 공간에 있었다고 가정해봅시다. 2분 전에는 우리 쪽으로 4분의 3 정도 왔었겠죠?

물리학자 맞습니다. 그것이 바로 제가 공간을 통해 전파된다고 하는 것입니다. 에너지는 공간의 한 부분에서 다른 부분으로 이동합니다.

수학자 당신의 개념은 어느 순간에나 서로 다른 작은 공간들이 서로 다른 양의 에너지로 점유되어 있다는 것을 의미합니다. 그렇다면 당연히 주어진 순간과 주어진 공간에 얼마나 많은 양이 있는지 계산하거나 측정할 수 있어야 합니다. 태양이 에테르 속에 정지해 있고 햇빛이 에테르를 통해 전파되는 에너지라고 가정한다면, 맥스웰이 1863년에 제시한 것처럼 이 문제에 대한 확실한 답을 얻을 수 있습니다. 또한 우리가 알고 있듯이 태양과 태양계 전체가 초당 1000마일의 속도로 에테르를 통해 꾸준히 움직이고 있다고 가정하면, 문제에 대한 확실한 답도 얻을 수 있습니다. 하지만 두 가지 답은 서로 다르다는 것이 문제의 핵심입니다. 어느 것이 정답인지 알려주시겠어요?

물리학자 태양이 에테르에 정지해 있다면 첫 번째가 맞고, 태양이 에테르를 초당 1000마일의 일정한 속도로 통과한다면 두 번째가 맞습니다.

수학자 예, 그러나 우리는 '에테르에서 정지 상태'는 전혀 의미가 없으며 '에테르를 통과하는 초당 1000마일의 일정한 속도'도 전혀 의미가 없다는데 동의합니다. 우리가 그것들에 어떤 의미를 부여하려면 자연의 모든 현상은 둘 다에 동일한 의미를 부여해야 한다고 주장합니다. 따라서 나는 당신의 대답이 무의미하다고 생각합니다.

이와 같은 방식으로 우리는 공간의 여러 부분 사이에 에너지를 분할하려는 시도가 해결할 수 없는 모호함을 초래한다는 것을 알게 된다. 우리의 시도가 잘못된 것이며, 공간을 통한 에너지 분할은 환상이라고 가정하는 것이 당연해 보인다. 그리고 다시 말하지만, 에너지의 흐름을 실재하는 흐름으로 간주하려는 시도는 항상 그 자체로 실패한다.

물줄기의 경우 특정 물 입자가 지금은 여기, 지금은 저기에 있다고 말할 수 있지만 에너지의 경우에는 그렇지 않다. 공간을 통해 흐르는 에너지의 개념은 그림으로는 유용하지만 현실로 취급하면 부조리와 모순으로 이어진다.

포인팅 교수Professor Poynting는 에너지가 특정한 방식으로 흐르는 것으로 묘사할 수 있는 널리 알려진 공식을 제시했지만, 이 그림을 현실로 취급하기에는 너무 인위적이다.

예를 들어, 일반 막대자석에 전기를 띠게 하고 정지된 상태로 두면, 이 공식은 마치 수많은 아이들이 손을 잡고 전봇대를 중심으로 영원히 춤을 추는 것처럼 에너지가 자석 주위를 끝없이 돌고 도는 것으로 묘사한다. 수학자는 이러한 에너지의 흐름을 단순한 수학적 추상개념으로 취급하여 전체 문제를 현실로 되돌려 놓는다.

실제로 한 걸음 더 나아가 에너지 자체를 미분방정식의 적분상수처럼 단순한 수학적 추상개념으로 취급해야 한다고 주장한다. 이렇게 하면 뉴욕의 표준시와 서머타임, 천문대의 항성시처럼 같은 장소에 두 개의 다른 시간이 있어야 하는 것보다 주어진 공간의 에너지 양에 대해 두 개의 다른 값이 있어야 한다는 것이 더 이상 터무니없는 일이 되지 않는다.

만약 그가 이를 거부한다면, 그는 우주는 물질과 방사선의 대체 가능한 형태의 에너지로 구성되어 있으며, 에너지는 우주에서 국지화될 수 없다는 지지할 수 없는 입장을 옹호할 수밖에 없다. 이 상황에 대해서는 아래에서 더 자세히 설명하겠다.

시간과 공간은 구분되지 않는다

상대성이론의 다른 발전을 고려하기 전에 '에테르'라는 단어를 버리고 '연속체'라는 용어를 사용하는 것이 적절할 것 같다. 이 용어는 일반 공간의 3차원에 4차원으로 작용하는 시간이 보완되는 4차원 '공간'을 의미한다.

자연법칙은 시간과 공간에서 일어나는 일을 표현하므로 당연히 이 4차원 연속체와 관련하여 진술될 수 있다. 이런 법칙을 정량적으로 논의할 때 시간과 공간을 매우 특수하고 매우 인위적인 방식으로 측정한다고 상상하는 것이 편리하다.

우리는 길이를 피트나 센티미터 단위가 아니라 빛이 1초에 이동하는 거리인 약 186,000마일의 단위로 측정해야 한다. 그리고 시간을 일반적인 초 단위가 아니라 1초에 $\sqrt{-1}$ (-1의 제곱근)을 곱한 것과 같은 신비한 단위로 측정해야 한다. 수학자들은 $\sqrt{-1}$을 '가상의' 수(허수)라고 말하는데, 이는 그들의 상상 바깥에는 존재하지 않기 때문에, 우리는 매우 인위적인 방식으로 시간을 측정하고 있다.

우리가 왜 이런 이상한 측정방법을 채택하느냐고 묻는다면, 그 대답은 상대성이론의 결과를 가능한 가장 단순한 형태로 표현할 수 있는 자연 고유의 측정체계로 보이기 때문이다. 그 이

148

유를 더 묻는다면, 우리는 대답할 수 없다. 만약 대답할 수 있다면, 우리는 지금보다 자연의 신비를 훨씬 더 깊이 들여다볼 수 있을 것이다.

그렇다면 방금 설명한 이상한 측정체계를 사용하고, 그에 따라 연속체를 구성한다는데 동의하기로 하자. 민코프스키는 상대성 가설이 참이라면, 방금 설명한 방식으로 연속체를 구성할 때 자연법칙의 진술은 시간과 공간을 구분하지 않아야 하며, 공간의 3차원과 시간의 1차원이 모든 자연법칙의 공식화에서 절대적으로 동등한 동반자로 들어가야 한다는 것을 보여주었다. 그렇지 않다면 그 법칙은 상대성원리와 상충될 것이다.

뉴턴의 유명한 중력법칙이 방금 언급한 조건과 일치하지 않아 뉴턴의 법칙이나 상대성 가설 중 하나가 틀렸다는 사실이 밝혀졌다.

아인슈타인은 뉴턴의 법칙을 상대성 가설에 맞추기 위해 어떤 변화를 주어야 하는지 검토한 결과, 뉴턴의 기존 법칙에 포함되지 않았던 세 가지 새로운 현상이 나타난다는 것을 발견했다. 즉, 자연은 아인슈타인과 뉴턴의 법칙 사이에서 관찰적으로 결정할 수 있는 세 가지 다른 방법을 제공했다. 실험 결과, 모든 경우에서 아인슈타인에게 유리한 결정이 내려졌다.

4차원 연속체의 곡률

우리가 '중력의 법칙'이라고 부르는 것은 엄밀히 말하면 움직이는 물체의 가속도, 즉 물체의 운동속도의 변화를 나타내는 수학 공식에 지나지 않는다.

뉴턴의 법칙은 물체가 거리의 역제곱에 비례하는 힘에 의해 '직선 운동에서 끌어당겨질 때'(뉴턴의 표현을 사용하자면) 움직이는 것과 같은 방식으로 움직인다는 다소 명백한 기계적 해석에 적합했다. 따라서 뉴턴은 이러한 힘이 존재한다고 가정했고, 이를 '중력'이라고 불렀다.

아인슈타인의 법칙은 힘에 대한 해석이나 그 어떤 기계적인 해석에도 적합하지 않았으며, 기계과학의 시대가 끝났다는 또 다른 징후이기도 했다. 그러나 기하학적인 측면에서 쉽게 해석할 수 있는 것으로 밝혀졌다.

중력 물질 덩어리의 효과는 뉴턴이 상상했던 것처럼 '힘'을 발산하는 것이 아니라 그 주변의 4차원 연속체를 왜곡하는 것이었다. 움직이는 행성이나 크리켓 공은 더 이상 힘의 당김에 의해 직선운동에서 벗어난 것이 아니라 연속체의 곡률에 의해 벗어난 것이다.

왜곡되지 않은 4차원 연속체를 상상하는 것은 충분히 어려우며, 그 왜곡을 상상하는 것은 더욱 어렵지만, 한 지역에 대한 2차원적인 비유가 도움이 될 수 있다.

크리켓 경기장이나 우리 손의 피부와 같은 표면은 2차원 연속체이며, 중력에 의해 발생하는 왜곡은 두더지가 파놓은 흙무더기나 물집으로 비유할 수 있다.

흙무더기 위로 굴러가는 크리켓 공은 혜성이나 태양 근처를 지나가는 광선처럼 '직선 운동에서 벗어난' 것이다. 그리고 우주의 모든 물질에 의해 생성된 4차원 연속체의 결합된 왜곡으로 인해 연속체 자체가 스스로 구부러져 닫힌 표면을 형성한다. 그로 인해 공간은 '유한'해지며, 그 결과는 이미 2장에서 논의한 바와 같다.

분리된 실체로서의 공간과 시간은 이미 우주에서 사라졌고, 중력도 이제 사라져 비틀린 연속체만 남게 된다.

19세기 과학은 우주를 단지 두 종류의 힘, 즉 우리의 몸과 소유물을 지구 표면에 유지하는 것은 물론 천문학의 주요 현상을 지배하는 중력과 빛, 열, 소리, 응집력, 탄성, 화학적 변화 등과 같은 모든 물리적 현상을 지배하는 전자기력의 놀이터로 축소시켰다.

(고전적인) 중력이 과학에서 사라진 지금, 전자기력은 왜 살아남았는지, 그리고 전자기력이 연속체에서 어떻게 작용하는지

궁금해 하는 것은 당연하다. 이 문제는 아직 해결되지 않았지만, 이것들 역시 중력의 길을 갈 운명인 것 같다.

웨일Weyl과 에딩턴Eddington은 전자기력을 완전히 배제하고 모든 물리 현상을 연속체의 독특한 기하학적 구조의 결과로 해석하려는 이론을 연이어 제안했다.

이 두 가지 이론 모두 반론의 여지가 있는 것으로 판명되었으며, 아인슈타인이 최근에 제시한 같은 유형의 이론은 여전히 운명이 결정되지 않고 있다. 그러나 어떤 이론이 최종적으로 우세하든, 전자기력은 오래지 않아 우리가 중력이라고 설명하는 것과는 본질적으로 다른 기하학적 구조를 가진 새로운 유형의 연속체의 비틀림으로 해결될 것이라는 점은 꽤나 확실해 보인다.

그렇다면 우주는 공간 자체의 구성에서 크거나 작고, 강렬하거나 미약한 비틀림이라는 것을 제외하고는 물질이 전혀 없고, 아무런 특징도 전혀 없는 텅 빈 4차원 공간이 될 것이다.

지금까지 우리가 태양에서 지구로 햇빛이 통과하는 것과 같이 에너지의 전파라고 말했던 것은 이제 지구의 시간으로 약 8분, 지구의 길이로 약 92,500,000마일에 걸쳐 펼쳐지는 연속체의 선을 따라 주름진 비틀림의 연속에 지나지 않게 된다. 이제 우리는 먼저 연속체를 공간과 시간으로 객관적으로 나누지 않는 한, 공간을 통해 구체적이거나 객관적인 어떤 것이 전파되는 것으로 상상할 수 없으며, 이것이 바로 우리에게 금지된 일이라는 것을 알 수 있다.

요약하자면, 표면에 요철과 주름이 있는 비눗방울은 상대성 이론에 의해 우리에게 밝혀진 새로운 우주를 단순하고 친숙한 물질로 가장 잘 표현한 것이다.

우주는 비눗방울의 내부가 아니라 표면이며, 비눗방울의 표면은 2차원에 불과하지만 우주—방울은 3차원의 공간과 1차원의 시간으로 이루어진 4차원이라는 점을 항상 기억해야 한다. 그리고 이 비눗방울이 만들어내는 실체인 비눗물막은 빈 시간에 용접된 빈 공간이다.

제5장　심연 속으로

우주를 새롭게 해석하다

현대 과학이 우주를 묘사하기 위해 사용하는 빈 공간이 부풀어 있는 이 비눗방울을 더 자세히 살펴보기로 하자. 비눗방울의 표면에는 불규칙성과 주름이 두드러지게 나타나 있다. 두 가지 주요한 형태를 식별할 수 있으며, 우리는 그것을 우주를 구성하는 것으로 보이는 성분인 방사선과 물질로 해석한다.

첫 번째 유형의 표시는 방사선을 나타낸다. 모든 방사선은 초당 약 186,000마일의 균일한 속도로 이동한다. 〈그림 2〉의 기차가 분당 1마일의 균일한 속도로 이동했다면 그 운동은 45° 각도로 기울어진 완벽한 직선으로 표현되었을 것이다. 1분에 1마일의 속도로 균일하게 움직이는 연속적인 열차들은 모두 이것과 평행한 많은 선들로 표현될 것이다.

이제 표준 속도를 분당 1마일에서 초속 186,000마일로 변경하고, 런던에서 플리머스까지라는 한 가지 방향을 우주의 모든 방향으로 바꾸어 보자. 이제 〈그림 2〉는 4차원의 연속체로 대체되고, 방사선은 시간의 진행 방향과 모두 동일한 각도(45°)를 이루는 일련의 선으로 표현된다.

두 번째 유형의 표시는 물질을 나타낸다. 이것은 다양한 속도로 공간을 이동하지만 빛의 속도에 비하면 모두 다 느리다. 첫 번째 대략적인 근사치로, 우리는 모든 물질이 공간에 정지해 있고 오직 시간 속에서만 앞으로 나아가는 것으로 간주할 수 있으며, 따라서 〈그림 2〉에 표시된 기차가 역에 정차할 경우 역에 머무는 시간이 짧은 수직선으로 표시되는 것처럼, 물질을 나타내는 표시는 시간이 진행되는 방향으로 움직인다.

물질을 나타내는 표시는 캔버스 위에 그려진 넓은 줄무늬처럼 비눗방울의 표면을 가로지르는 넓은 띠를 형성하는 경향이 있다. 이는 우주의 물질이 별이나 천체와 같은 큰 덩어리로 응집되려는 경향이 있기 때문이다.

이러한 띠 또는 줄무늬를 '세계선world lines*'이라 하며, 태양의 세계선은 시간의 각 순간에 해당하는 공간에서 태양의 위치

---

* 헤르만 민코프스키가 만든 시공세계에서 세계의 궤적을 나타내는 용어.

를 추적한다. 〈그림 3〉에서 이를 도표로 확인할 수 있다.

물리적인 사건은 어떤 장소와 어떤 시간에 일어나는데, 그 공간좌표와 시간좌표를 나타낸 것이 세계점(世界點)이다. 이 세계점이 그리는 궤적이 세계선이다. 이 개념은 시간과 공간이 서로 무관한 것이 아니라, 하나로 합쳐져 4차원 공간을 이룬다는 것으로 아인슈타인의 상대성이론을 이해하는데 도움이 된다.

케이블이 수많은 미세한 실로 구성되어 있는 것처럼 태양과 같은 큰 천체의 세계선은 태양을 구성하는 개별 원자의 세계선인 무수히 많은 세계선들로 구성되어 있다. 태양이 원자를 삼키거나 원자를 방출할 때 이 미세한 실들이 주된 케이블로 들어오거나 나간다.

우리는 비눗방울의 표면을 원자의 세계선인 실로 구성된 직물 무늬라고 생각할 수 있다. 원자가 영구적이고 파괴되지 않는 한, 원자의 실과 같은 세계선은 시간이 진행되는 방향으로 그림의 전체 길이를 가로지른다. 그러나 원자가 소멸하면 실이 갑자기 끊어지고 끊어진 끝에서 방사선의 세계선이 퍼져나갈 수 있다.

우리가 직물 무늬를 따라 시간의 진행 방향으로 움직일 때, 그 다양한 실들은 계속해서 공간 내에서 움직이면서 서로의 위치를 상대적으로 변화시킨다. 직조기는 우리가 '자연의 법칙'이라 부르는 명확한 규칙에 따라 이 작업을 수행하도록 설정되어 있다.

지구의 세계선은 산, 나무, 비행기, 인체 등을 나타내는 여러 가닥의 실로 구성된 더 작은 케이블이며 그 집합체가 지구를 구성한다. 또한 각각의 가닥은 원자의 세계선인 많은 실로 구성되

〈그림 3〉 공간과 시간에서 태양과 방사선의 움직임(〈그림 2〉 참조)

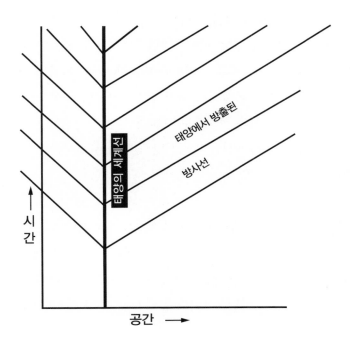

어 있다.

인체를 나타내는 한 가닥의 실은 다른 가닥들과 본질적으로 다르지 않다. 그것은 다른 가닥들에 비해 상대적으로 비행기보다는 덜 자유롭지만 나무보다는 더 자유롭게 이동한다. 나무와 마찬가지로 작은 것에서 시작하여 외부에서 원자(음식)를 지속적으로 흡수하여 증가한다. 인체를 형성하는 원자는 다른 원자들과 본질적으로 다르지 않으며 정확히 유사한 원자가 산과 비행기와 나무를 구성한다.

그러나 인체의 원자를 나타내는 가닥들은 감각을 통해 우리의 정신에 인상을 전달하는 특별한 능력이 있다. 이 원자들은 우리의 의식에 직접적으로 영향을 미치는 반면, 우주의 다른 원자들은 모두 원자를 매개로 하여 간접적으로만 영향을 미칠 수 있다. 우리의 의식은 전적으로 그림의 외부에 존재하는 것이며, 오직 우리 몸의 세계선을 따라서만 접촉하는 것이라고 가장 단순하게 해석할 수 있다.

당신의 의식은 오직 당신의 세계선을 따라서만 그림에 접촉하며, 나의 의식은 나의 세계선을 따라서만 그림에 접촉한다. 이 접촉에 의해 만들어지는 효과는 주로 시간의 흐름 중 하나이다. 우리는 마치 세계선을 따라 끌려가는 것처럼 느끼므로 시간의 다른 순간에 우리의 상태를 나타내는 세계선의 다른 지점들을 차례로 경험하게 된다.

시작부터 영원의 끝까지, 그림 속에는 시간이 우리 앞에 펼쳐져 있지만, 자전거 바퀴가 도로의 한 지점에만 닿는 것처럼 우리는 단 한 순간만 접촉하고 있을 뿐이다.

웨일Weyl이 말했듯이, 사건은 일어나지 않는다. 우리는 단지 그 사건과 마주칠 뿐이다. 또는 2300년 전 플라톤이 〈티마이오스Timaeus〉에서 표현한 것처럼,

"과거와 미래는 우리가 무의식적으로 그러나 그릇되게 영원한 본질을 부여해놓은 인공적인 시간이다. 우리는 "~였다", "~이다", "~일 것이다"라고 말하지만, 사실 "~이다"만 적절히 사용할 수 있을 뿐이다."

이 경우 우리의 의식은 마치 그림의 표면 위를 쓸고 있던 붓자루에 걸린 파리의 의식과 같다. 전체 그림은 그곳에 있지만 파리는 그림의 표면과 직접 접촉한 단 한 순간만을 경험할 수 있을 뿐이다. 파리는 바로 뒤에 있는 그림의 일부분의 기억할 수도 있고, 심지어 앞에 있는 그림의 일부를 그리는 데 도움을 주고 있다고 착각할 수도 있다.

또는 아직 완성되지 않은 그림 위로 붓을 앞으로 내밀려는 화가의 손가락에 느껴지는 느낌과 우리의 의식을 비교할 수도 있다. 그렇다면 아직 완성되지 않은 그림의 일부에 영향을 미친다는 느낌은 단순한 환상 이상의 일일 것이다.

현재 과학은 우리의 의식이 그림을 인식하는 방법에 대해서는 거의 알려주지 못하고 있으며, 주로 그림의 본질에만 관심을 기울이고 있다.

파동역학과 확률

한때 우주를 가득 채우고 있다고 생각했던 에테르가 빈 공간으로 이루어진 비눗방울의 공간적 차원에 불과한 추상 개념, 즉 빈 공간의 틀에 불과한 것으로 축소되는 과정을 보았다.

한때 이 에테르를 가로지를 것으로 생각했던 파동 역시 추상화되어 시간에 따라 비눗방울의 단면에 나타나는 주름으로 축소되었다.

한때 물질적인 '에테르 파동'으로 간주되었던 이런 추상성라는 특성은 전자를 구성하는 파동시스템으로 눈을 돌리면 훨씬 더 강렬한 형태로 반복된다. 우리가 태양광과 같은 일반적인 방사선을 설명하는데 편리한 '에테르'는 1차원의 시간 외에도 3차원의 공간을 가지고 있다. 공간에 고립된 단일전자를 구성하는 파동을 설명하는 에테르도 마찬가지이다.

이것은 이전과 같은 에테르일 수도 있고 아닐 수도 있지만, 3차원의 공간과 1차원의 시간을 갖는다는 점에서는 비슷하다. 그러나 우주에 고립된 전자는 전자 두 개의 충돌이라는 가장 단순한 사건만이 있을 뿐인, 아무런 사건도 일어나지 않는 우주를 만들어낸다.

파동역학에서는 두 전자가 서로 만나면 어떤 일이 일어나는지를 가장 간단한 용어로 설명하기 위해 에테르의 파동 시스템을 7차원의 파동시스템(6차원의 공간, 3차원은 각각의 전자, 1차원은 시간)으로 가정한다.

전자 3개의 만남을 설명하려면 10차원의 에테르, 9차원의 공간과 1차원의 시간이 필요하다. 다른 모든 차원을 하나로 묶는 마지막 차원인 시간이 없었다면, 다양한 전자들은 모두 서로 소통하지 않는 별도의 3차원 공간에 존재할 것이다. 따라서 시간은 영적인 차원에서 라이프니츠의 '창문 없는 모나드*'가 우주적인 정신에 의해 하나로 묶인 것처럼 물질의 벽돌을 하나로 묶

---

* 물질이나 물체와는 반대로 단순한 것이 존재하는데, 라이프니츠는 이를 모나드라고 개념화했다. 무엇으로도 나눌 수 없는 궁극적인 실체이다. '모나드는 창문이 없다'는 말은 모나드가 외부물질과 아무런 관계없이 통일성과 자기 정체성을 유지한다는 것이다.

는 모르타르의 역할을 한다. 또는 실재에 더 가깝게 접근하면 전자들을 사고의 대상으로, 시간을 생각의 과정으로 생각할 수도 있다.

대부분의 물리학자들은 파동역학이 두 전자의 만남을 묘사하는 7차원 공간은 순전히 허구이며, 이 경우 전자를 수반하는 파동도 허구로 간주되어야 한다는 데 동의할 것이다. 따라서 슈뢰딩거는 7차원 공간에 대해 이렇게 설명한다.

"이 공간은 물리적으로 분명한 의미를 갖지만 '존재한다'고 말할 수는 없으며, 따라서 이 공간에서의 파동운동도 일반적인 의미에서 '존재한다'고 말할 수 없다. 그것은 단지 일어나는 일에 대한 적절한 수학적 설명일 뿐이다. 특히 단순한 단일 [전자]의 경우, 구성 공간이 일반 공간과 일치하는 상황이 발생할 수는 있어도, 파동운동을 너무 문자 그대로의 의미에서 '존재'하는 것으로 간주해서는 안된다."

그러나 어떻게 한 파동이 다른 파동보다 더 현실성이 낮다고 볼 수 있는지 이해하기는 어렵다. 즉, 단일 전자의 파동은 실재하는 반면 전자쌍의 파동은 허구라고 말하는 것은 터무니없는 일이다. 그리고 단일 전자의 파동은 사진판에 기록할 수 있을 만큼 충분히 실재하며, 사진 1, 2, 3에서 보이는 패턴을 생성한다. 우리는 두 전자의 파동, 한 전자의 파동, 톰슨 교수의 사진판의 파동 등 모든 파동이 동일한 정도의 현실성 또는 비현실성을 갖는다고 가정해야만 완전한 일관성을 되찾을 수 있다.

일부 물리학자들은 전자파를 확률의 파동으로 간주하는 것으로 이러한 상황에 대처한다. 해일이라고 말할 때, 우리는 그 경로에 있는 모든 것을 적시는 물의 물질적 파동을 의미한다. 열파heat-wave에 대해 말할 때는 물질적인 것은 아니지만 그 경로에 있는 모든 것을 데우는 것을 의미한다. 그러나 저녁 신문에서 자살파(suicide-wave, 자살의 유행)에 대해 말할 때, 그것은 파도의 경로에 있는 모든 사람이 자살할 것이라는 의미가 아니라 단지 그렇게 할 가능성이 높아진다는 것을 의미한다.

자살파가 런던 상공을 지나가면 자살로 인한 사망률이 증가하고, 로빈슨 크루소의 섬을 지나가면 유일한 주민이 자살할 확률이 높아지는 것과 같은 이치이다.

파동역학에서 전자를 나타내는 파동은 확률파동일 수 있다고 제안되는데, 임의의 지점에서 나타나는 강도로 해당 지점에 전자가 있을 확률을 측정하는 것이다.

따라서 사진 2와 3의 각 지점에서 파동 강도는 회절된 단일 전자가 도판의 해당 지점에 부딪힐 확률을 측정한다. 전자의 전체 군집이 회절될 때, 어떤 지점에 부딪힌 총 개수는 당연히 각 개체가 그 지점에 부딪힐 확률에 비례하므로, 도판이 어두워지면 전자당 확률을 측정할 수 있다.

이런 관점은 전자의 정체성을 보존할 수 있다는 큰 장점이 있다. 전자파가 진정한 물질파라면, 각 파동시스템은 아마 실험에 의해 분산되어 회절광이 그렇듯이 대전된 입자는 살아남지 못할 것이다. 실제로 물질과 만나면 전자가 분해되어 영구적인 구조로 간주될 수 없다. 물론 실제로 회절되는 것은 개별 전자가 아니라 전자의 소나기이며, 개별 전자는 입자로서 이동하고 그 정체성을 그대로 유지한다.

과학은 여전히 동굴 속에서 그림자를 연구한다

이 모든 것은 하이젠베르크의 '불확정성 원리'에 따른 것으로, 결코 '전자는 바로 여기, 정확한 이 지점에 있으며, 시속 몇 마일로 움직이고 있다.'고 말할 수 없다.

이것은 이미 설명한 바 있는 디랙의 일반 원리와도 일치한다. 그러나 이 두 가지 원리만으로는 전자파의 전체 특성을 설명하기에는 충분하지 않다.

하이젠베르크와 보어Bohr는 이러한 파동은 전자의 가능한 상태와 위치에 대한 우리의 지식을 상징적으로 표현한 것으로 간주해야 한다고 제안했다. 그렇다면 파동은 우리의 지식이 변함에 따라 변화하므로 대체로 주관적인 것이 된다. 따라서 파동을 시간과 공간에 위치한다고 생각할 필요는 전혀 없다. 파동은 전적으로 추상적인 수학적 공식을 시각화한 것에 불과하다.

보어의 제안에서 비롯된 더 과감한 가능성은 자연의 가장 미세한 현상은 시공간의 틀에서 표현을 전혀 인정하지 않는다는 것이다.

이 견해에 따르면 상대성이론의 4차원 연속체는 대규모 현상과 자유 공간에서의 복사를 포함한 일부 자연현상에만 적합하며, 다른 현상은 연속체 바깥으로 나가야만 표현할 수 있다.

예를 들어, 우리는 이미 의식을 연속체 외부의 어떤 것으로 잠정적으로 묘사했으며 두 전자의 만남이 어떻게 7차원에서 가장 간단하게 묘사될 수 있는지 보았다. 연속체 외부에서 일어나는 일들이 우리가 연속체 내부의 '사건의 과정'이라고 묘사하는 것을 결정하며, 자연의 명백한 불확정성은 단지 우리가 여러 차원에서 일어나는 일들을 더 적은 수의 차원으로 강제하려는 시도에서 비롯될 수 있다고 생각할 수 있다.

예를 들어, 2차원의 지구 표면에만 인식이 국한되어 있는 눈

먼 벌레 종족을 상상해보자. 이따금씩 지구의 일부가 산발적으로 젖을 수 있다. 3차원 공간을 지각할 수 있는 우리는 이 현상을 소나기라고 부르며, 3차원 공간에서 일어나는 사건이 절대적이고 독특하게 어느 지점이 젖고 어느 지점이 마른 상태로 유지될지 결정한다는 것을 알고 있다.

그러나 3차원 공간이 있다는 것조차 의식하지 못하는 벌레들이 자연을 2차원의 틀에 끼워 맞추려고 한다면, 벌레 과학자들은 젖은 곳과 마른 곳의 분포에서 어떤 결정론도 발견할 수 없을 것이고, 오직 확률의 관점에서 미세한 부분의 젖음과 마름을 논의할 수 있을 것이며, 그것을 궁극적인 진리로 취급하고 싶다는 유혹을 받게 될 것이다.

아직 결정할 때가 무르익지는 않았지만 개인적으로 이것이 상황에 대한 가장 그럴 듯한 해석인 것 같다. 벽에 걸린 그림자가 3차원 현실을 2차원으로 투사하는 것처럼, 시공간 연속체의 현상은 4차원 이상을 차지하는 현실을 4차원으로 투사하는 것일 수 있다. 따라서 시간과 공간에서 벌어진 사건은 마법의 그림자 형상이 오고 가면서 움직이는 행렬에 불과한 것이 될 수 있다.

다른 무수히 많은 수학적 그림이 똑같이 잘 작동할 수 있고 완전히 다른 결론에 도달할 수 있는데, 결국 수학적 그림에 불과한 파동역학에 너무 많은 관심을 기울였다는 반론이 제기될 수도 있다.

사실, 파동역학의 그림이 독창적이라 주장할 수는 없다. 이 분야에는 다른 시스템, 특히 하이젠베르크와 디랙의 시스템도 있다. 그러나 이들은 대체로 다른 말로, 그리고 종종 더 복잡한 말로 같은 것을 말할 뿐이다. 드 브로글리de Broglie와 슈뢰딩거의 파동역학만큼 사물을 간단하게 설명하거나 자연에 충실한 것으로 보이는 체계는 아직 고안된 적이 없다.

도판 2의 사진은 일정한 파장의 파동이 자연의 체계에서 어떻게든 기본이 되는 파동이며, 이러한 파동은 파동역학의 기본 개념을 형성하지만 다른 체계에서는 다소 억지스러운 부산물처럼 보일 뿐이라는 증거이다. 또한 파동역학은 그 고유한 단순성 때문에 다른 어떤 시스템보다 자연의 비밀을 훨씬 더 깊이 파고들 수 있는 능력을 보여 주었기 때문에 다른 시스템은 이미 어느 정도 뒷전으로 밀려나고 있다.

비유를 바꾸어 말하자면, 파동역학은 발판으로서 귀중한 역할을 해왔지만 더 이상 무언가를 추가할 의향은 거의 없는 것 같다.

사실 하이젠베르크나 디랙의 체계는 거의 동일한 결론에 도달할 수 있지만, 하나의 그림에 집중해야 한다면 파동역학이 제공하는 그림을 선택하는 것이 정당해 보인다. 가장 중요한 사실은 현재 과학이 자연에 대해 그리고 있는, 그리고 관찰한 사실에 따라 가능한 것처럼 보이는 그림은 모두 수학적 그림이라는 것이다.

대부분의 과학자들은 그것들이 그림에 불과하다는 견해에 동의할 것이다. 과학이 아직 궁극적인 실재와 접촉하지 못했다는 의미에서 보자면 허구라고 생각할 수도 있다.

많은 사람들은 광범위한 철학적 관점에서 20세기 물리학의 뛰어난 업적은 공간과 시간을 결합한 상대성이론이나 인과법칙을 부정하는 양자역학 이론, 사물이 보이는 것과 다르다는 사실을 발견한 원자의 해부가 아니라 우리가 아직 궁극적인 실재와 접촉하지 못했다는 일반적인 인식이라고 주장할 것이다.

플라톤의 유명한 비유를 빌리자면, 우리는 여전히 빛을 등진 채 동굴에 갇혀 벽에 드리워진 그림자만 볼 수 있다. 현재 과학의 눈앞에 있는 유일한 과제는 이러한 그림자를 연구하고 분류하여 가능한 가장 간단한 방법으로 설명하는 것이다.

그리고 우리가 놀랄 만한 새로운 지식의 홍수 속에서 발견하고 있는 것은 다른 어떤 것보다 더 명확하고 완전하며 자연스럽게 설명하는 방법이 수학적 방법, 즉 수학적 개념으로 설명하는 방법이라는 것이다.

갈릴레오가 의도한 것과는 다소 다른 의미에서 '자연의 위대한 책은 수학적 언어로 쓰여졌다'는 말은 사실이다. 수학자를 제외한 그 누구도 상대성이론, 양자이론 및 파동역학과 같은 우주의 궁극적인 본질을 풀려고 하는 과학 분야를 이해하려고 할 필요가 없다는 것은 사실이다.

현실이 동굴의 벽에 드리우는 그림자들은 선험적으로 여러 종류가 있었을 것이다. 실수로 강의실에 들어온 개에게 미세한 세포조직의 성장을 보여주는 영화 필름이 무의미하듯, 우리에게는 그 그림자들이 전혀 의미 없는 것이었을지도 모른다.

실제로 우리 지구는 우주 전체에 비하면 매우 미미한 존재이며, 우리가 아는 한 우주 전체에서 유일하게 생각하는 존재인 우리는 우주의 주요 계획에서 멀리 떨어져 있는 우연한 존재이다. 그렇기 때문에 우주 전체가 가질 수 있는 의미는 우리의 지상 경험을 완전히 뛰어넘는 것으로 우리가 선험적으로 완전히 이해할 수 없을 가능성이 너무 크다.

이것이 가장 가능성이 높은 경우이지만, 동굴 벽에 드리워진 그림자 중 일부는 동굴 원시인들이 동굴 속에서 이미 익숙했던 물체와 작업을 암시할 수도 있다. 떨어지는 물체의 그림자는 떨어지는 물체처럼 행동하기 때문에 우리가 직접 떨어뜨린 물체를 떠올리게 할 수 있으며, 우리는 그러한 그림자를 기계적인 용어로 해석하고 싶은 유혹을 받았을 것이다.

　이것이 지난 세기의 물리학을 설명해준다. 그림자는 젤리, 팽이, 톱니바퀴의 동작을 떠올리게 했고, 과학자들은 그림자를 물질로 착각하여 젤리와 기계장치로 이루어진 우주를 눈앞에서 보았다고 믿었다.

　이제 우리는 이 해석이 명확히 부적절하다는 것을 알고 있다. 그것은 가장 단순한 현상인 빛의 전파, 방사선의 구성, 사과의 낙하, 원자 내 전자의 소용돌이 등을 설명하지 못한다.

　햇빛 아래에서 체스 게임을 하는 배우들의 그림자는 우리가 동굴에서 했던 체스 게임을 떠오르게 할 것이다. 가끔씩 우리는 기사의 움직임을 알아채거나, 왕과 왕비가 동시에 움직이는 성을 관찰하거나, 우리가 익숙하게 플레이하던 것과 너무 비슷해서 우연이라고 할 수 없는 다른 특징적인 움직임을 발견할 수도 있다.

　우리는 더 이상 외부 현실을 기계로 생각하지 않게 될 것이다. 그 작동의 세부사항은 기계적일 수 있지만 본질적으로 그것은 생각의 현실이 될 것이다. 우리는 햇빛 아래에 있는 체스 선수들을 우리와 같은 정신의 지배를 받는 존재로 인식하고, 우리가 직접 관찰할 수 없었던 현실에서 우리의 생각과 상응하는 것을 찾으려 할 것이다.

과학자들이 자연이 동굴 벽에 드리우는 그림자, 즉 현상의 세계를 연구할 때 이 그림자를 완전히 이해할 수 없다고 생각하지 않으며, 그것들이 미지의 물체나 낯선 물체를 나타내는 것 같지도 않다. 오히려 햇빛이 내리쬐는 바깥에서 체스를 두는 사람들이 동굴에서 만든 게임 규칙을 아주 잘 알고 있는 것처럼 보이기도 한다.

자연은 순수 수학자가 아닐까

우리의 은유를 버리면, 자연은 순수 수학의 규칙을 매우 잘 알고 있는 것처럼 보인다. 이는 수학자들이 외부세계에 대한 경험에 크게 의존하지 않고 자신의 내적 의식에 따른 연구를 통해 그것들을 공식화했기 때문이다.

'순수 수학'이란 외부세계의 가정된 어떤 속성을 원료로 삼아 외부세계에 대해 추론하는 '응용 수학'과는 대조적으로 순수한 사고, 자신의 영역 내에서만 작동하는 이성의 창조물인 수학 부문을 의미한다.

데카르트는 관찰(합리주의)에 오염되지 않은 순수한 사고의 산물을 찾다가 삼각형 세 각의 합은 반드시 두 개의 직각과 같다는 사실을 선택했다. 우리가 지금 알고 있듯이, 그것은 매우 불행한 선택이었다. 예를 들어, 확률의 법칙, '허수'(음수의 제곱근을 포함하는 수)의 조작 규칙, 다차원 기하학 등 이의를 제기할 여지가 훨씬 적은 다른 선택도 쉽게 할 수 있었을 것이다.

이러한 수학 분야는 모두 수학자가 외부세계와의 접촉에 거의 영향을 받지 않고 경험에서 아무것도 끌어들이지 않은 추상적 사고의 관점에서 해결한 것으로, 순수한 지성으로 만들어진 독립적인 세계를 형성한다.

그리고 이제 우리가 땅에 떨어지는 사과, 밀물과 썰물, 원자속 전자의 움직임으로 묘사하는 그림자놀이는 벽에 걸린 그림자도 체스를 두고 있다는 사실을 발견하기 훨씬 전에 우리가 공식화한 체스 게임의 규칙에 따라 순전히 수학적 개념들에 매우 능숙한 배우들이 만들어냈다는 사실이 드러났다. 그림자 뒤에 가려진 실재의 본질을 발견하려고 할 때, 비교할 수 있는 외부 기준이 없다면 사물의 궁극적 본질에 대한 모든 논의는 필연적으로 헛된 것일 수밖에 없다는 사실에 직면하게 된다.

이러한 이유로 로크의 표현을 빌리자면, '물질의 본질'은 영원히 알 수 없는 것이다. 우리는 오직 물질의 변화를 지배하고 외부세계의 현상들을 만들어내는 법칙을 논의하는 것으로만 발전할 수 있다. 이것들을 우리 정신의 추상적인 창조물과 비교할 수 있다.

예를 들어, 자동연주 오르간의 동작을 연구하는 청각 장애 엔지니어는 처음에는 그것을 기계로 해석하려고 시도하지만 트랙커*의 동작에서 1, 5, 8, 13 간격이 계속 반복되는 것을 보고 당황할 수 있다. 청각 장애가 있는 음악가는 아무 소리도 듣지 못하지만 이 연속된 숫자를 공통화음의 간격으로 즉시 인식하며, 빈도가 낮은 연속된 다른 숫자는 다른 화음이라고 제시할 것이다. 이런 식으로 그는 자신의 생각과 자동연주 오르간을 만들게 된 생각 사이의 친족 관계를 인식하고, 그 악기가 음악가의 생각을 통해 존재하게 되었다고 말할 것이다.

마찬가지로 우주의 작용에 대한 과학 연구는 지상의 개념과 경험에서 파생된 언어 외에는 우리가 사용할 수 있는 언어가 없기 때문에 매우 조잡하고 대단히 부적절하지만, 우주는 순수 수학자가 설계한 것처럼 보인다는 진술로 요약될 수 있는 결론을 제안했다.

파란 안경을 쓴 사람은 파란 세상만 본다

이 진술은 자연을 우리의 선입견에 맞추는 것에 불과하다는

---

* 키의 움직임을 공기판(瓣)으로 전달하는 나무 막대기.

점에서 도전을 피할 수 없다. 음악가는 음악에 너무 몰두한 나머지 모든 메커니즘을 악기로 해석하려 애쓰고, 모든 간격을 음악적 간격으로 생각하는 습관이 몸에 배어 있다. 그래서 계단에서 넘어지면서 1, 5, 8, 13번 계단에 부딪힌다면 그는 떨어지면서 음악이 보인다고 할 수 있을 것이다.

마찬가지로 입체파 화가는 형언할 수 없이 풍요로운 자연 속에서 정육면체만 볼 수 있으며, 그림의 비현실성은 그가 자연을 이해하는데 얼마나 멀리 떨어져 있는지를 보여준다. 그의 입체파 안경은 주변세계의 극히 일부분만 볼 수 있는 곁눈가리개에 불과하다. 따라서 수학자는 자신이 만든 수학적 곁눈가리개를 통해서만 자연을 본다고 할 수 있다.

칸트가 인간의 정신이 자연을 파악하는 다양한 인식 방식에 대해 논의하면서 특히 수학적 안경을 통해 자연을 보는 경향이 있다고 결론을 내린 것을 상기할 수 있다.

파란 안경을 쓴 사람이 파란 세상만 보는 것처럼, 칸트는 우리의 정신적 편향으로 인해 수학적 세계만 보는 경향이 있다고 생각했다. 그렇다면 우리의 논의는 단지 이런 오래된 함정을 보여주는 예시일 뿐일까?

잠시만 생각해보면 이것이 전부가 아니라는 것을 알 수 있다. 자연에 대한 새로운 수학적 해석이 모두 우리의 안경, 즉 외부

세계를 바라보는 주관적인 시각에 들어올 수는 없다. 만약 그렇다면 우리는 오래 전에 그것을 보았어야 하기 때문이다.

인간의 정신은 한 세기 전이나 지금이나 그 질과 행동 방식이 동일했으며, 최근의 과학적 관점의 큰 변화는 과학 지식의 엄청난 발전에서 비롯된 것이지 인간 정신의 변화에서 비롯된 것이 아니다. 우리는 외부의 객관적인 우주에서 지금까지 알려지지 않았던 새로운 것을 발견했던 것이다.

모든 것이 수학적이다

우리의 먼 조상들은 자연을 의인화한 개념으로 해석하려고 시도했지만 실패했다. 자연을 공학적 관점에서 해석하던 가까운 조상들의 노력도 마찬가지로 부적절한 것으로 판명되었다. 자연은 인간이 만든 틀에 자신을 맞추기를 거부했다. 반면에 순수 수학의 개념으로 자연을 해석하려는 우리의 노력은 지금까지 눈부시게 성공적인 것으로 입증되었다.

이제 자연이 생물학이나 공학의 개념보다 순수 수학의 개념과 더 밀접하게 연관되어 있으며, 수학적 해석이 제3의 인공적인 틀에 불과하더라도 적어도 이전에 시도된 두 가지 방법과는 비교할 수 없을 정도로 객관적인 자연에 더 잘 부합한다는 것은 의심의 여지가 없는 것처럼 보인다.

100년 전의 과학자들이 세상을 기계적으로 해석하려고 할 때, 기계적인 관점은 결국 부적합한 것으로 판명될 수밖에 없다고, 즉 현상적인 우주는 순수 수학의 화면에 투영되기 전에는 결코 이해되지 않을 것이라고 확신하는 철학자는 없었다. 철학자가 '당신이 발견한 것은 새로운 것이 아니다. 나는 항상 그렇게 될 것이라고 말할 수 있었다.'라고 말한다면, 과학자는 '그렇다면 왜 우리가 진정한 가치를 지닌 정보를 발견했어야 하는데도 그렇게 말하지 않았는가?'라고 합리적으로 반문할 수 있다.

우리의 주장은 이제 우주는 칸트가 생각했거나 생각할 수 있었던 것과는 다른 의미에서 수학적인 것으로 보인다는 것이다. 즉, 수학은 아래에서가 아니라 위에서 우주로 들어간다.

어떤 의미에서는 모든 것이 수학적이라고 주장할 수도 있다. 가장 단순한 형태의 수학은 숫자와 양에 관한 과학인 산술이며, 이러한 수학은 생활 전체에 스며들어 있다. 예를 들어, 장부 기장, 재고 파악 등의 산술적 연산이 대부분인 상업은 어떤 의미에서 수학적인 직업이지만, 현재 우주가 수학적으로 보인다는 것은 이런 의미에서가 아니다.

다시 말하지만, 모든 엔지니어는 수학자가 되어야 한다. 물체의 기계적 동작을 정확하게 계산하고 예측하려면 수학적 지식을 활용하고 수학적 안경을 통해 문제를 바라봐야 하지만, 과학이 우주를 수학적으로 보기 시작한 것은 이런 방식이 아니다.

엔지니어의 수학은 훨씬 더 복잡하다는 점만 상점 주인의 수학과 다르다. 엔지니어의 수학은 여전히 단순한 계산 도구이며, 거래 재고나 이익을 평가하는 대신 응력과 변형 또는 전류를 평가한다.

반면에 플루타르코스는 플라톤이 신은 영원히 기하학적인 존재라고 말하곤 했다고 기록하고 있으며, 플라톤은 이 말의 의미를 논의하기 위해 가상의 심포지엄을 열기도 한다. 분명히 그는 우리가 은행가는 영원히 산술화한다고 말할 때 의미하는 것과는 전혀 다른 종류의 것을 의미했다.

플라톤은 기하학이 무한한 것에 한계를 설정한다고 말했고, 신이 다섯 가지 규칙적인 고체를 기반으로 우주를 구성했다고 말했다. 즉 흙, 공기, 불, 물의 입자는 입방체, 팔면체, 사면체, 이십면체의 모양을 가지고 있지만 우주 자체는 12면체라고 믿었다는 것 등이 플루타르크가 제시한 예시들이었다.

여기에 태양, 달, 행성의 거리가 '이중 간격의 비율'이라는 플라톤의 믿음이 추가될 수 있는데, 이는 2 또는 8의 거듭제곱인 정수의 수열, 즉 1, 2, 3, 4, 8, 9, 27을 의미한다.

이러한 고려사항들 중 오늘날에도 조금이라도 타당성이 있는 것이 있다면 첫 번째는 상대성이론의 우주는 기하학적이라는 이유만으로 유한하다는 것이다. 네 가지 원소와 우주가 다섯 가지 규칙적인 고체와 어떤 식으로든 관련이 있다는 생각은 물론 공상에 불과했으며, 태양, 달, 행성의 실제 거리는 플라톤의 숫자들과는 전혀 관련이 없다.

플라톤 이후 2천 년이 지나 케플러는 행성 궤도의 크기를 음악적 간격 및 기하학적 구조와 연관 짓는데 많은 시간과 에너지를 쏟았는데, 아마도 그 역시 음악가나 기하학자가 궤도를 배열한 것임을 발견하기를 바랐던 것 같다.

실제로 한때 그는 궤도의 비율이 다섯 가지 정삼각형의 기하학적 구조와 관련이 있다는 것을 발견했다고 믿었다. 만약 플라톤이 이 사실을 알게 되었다면, 신이 기하학적인 성향을 가지고 있다는 증거를 발견했다고 생각했을지도 모른다!

케플러는 '이 발견을 통해 받은 강렬한 기쁨은 말로 다 표현할 수 없을 정도이다.'라고 했다.

이 위대한 발견이 오류였다는 것은 말할 필요도 없다. 사실 현대인의 사고방식은 태양계를 조물주의 손에서 나왔을 때와 같은 완제품으로 생각하는 것이 불가능하며, 과거로부터 미래를 개척하면서 끊임없이 변화하고 진화하는 존재로만 생각할 수 있다. 그러나 우리가 잠시나마 중세적 사고에 입각해 케플러의 추측이 사실이라고 상상할 수 있다면, 그는 그것으로부터 어떤 종류의 추론을 이끌어낼 자격이 있었을 것이 분명하다.

그가 우주에서 발견한 수학은 자신이 생각했던 것 이상이었을 것이며, 우주에는 자신이 우주 설계를 풀기 위해 사용한 수학 외에 또 다른 수학이 내재되어 있다고 정당하게 주장할 수 있었을 것이다. 그는 의인화된 언어로 자신의 발견이 우주가 기하학에 의해 설계되었음을 시사한다고 주장할 수도 있었을 것이다.

작은 물고기를 미끼로 큰 물고기를 낚는 낚시꾼이 '그래, 하지만 나는 네가 직접 물고기를 넣는 걸 봤어'라는 말을 걱정할 필요 없이, 자신이 발견한 수학이 자신의 수학적 안목에만 머물러 있다는 비판에 대해 더 이상 고민할 필요가 없었을 것이다.

우주는 수학적으로 설계되어 있다

좀 더 현대적이고 덜 공상적인 예를 들어 보자. 50년 전 화성과 통신하는 문제에 대해 많은 논의가 있었을 때 화성인들에게 지구에 생각하는 존재가 있다는 사실을 알리고 싶었지만, 양측이 모두 이해할 수 있는 언어를 찾는 것이 어려웠다.

사하라 사막에서 모닥불을 피워 피타고라스의 유명한 정리인 직각 삼각형의 작은 두 변의 제곱이 가장 큰 변의 제곱과 같다는 것을 보여주는 다이어그램을 만들자는 제안이 나왔고, 가장 적합한 언어는 순수 수학의 언어라는 의견이 제시되었다.

화성 거주자 대부분에게는 그런 신호가 아무런 의미도 없겠지만, 화성의 수학자들은 분명히 지구의 수학자들이 만든 것으로 인식할 것이라고 주장했다. 그렇게 함으로써 그들은 모든 것에서 수학을 보았다는 비난을 받지는 않게 될 것이다.

우리가 갇혀 있는 동굴 벽에 그림자를 형성하는 외부 현실 세계의 신호도 이와 비슷한 상황인 것 같다. 우리는 이것을 살아 있는 배우나 기계가 드리운 그림자로 해석할 수는 없지만 순수 수학자는 자신의 연구에서 이미 익숙한 종류의 아이디어를 나타내는 것으로 인식한다.

물론 우리가 우주의 구조에 내재되어 있다고 생각하는 순수 수학의 개념이 우주의 작용을 발견하는데 사용한 응용 수학의 개념의 일부이거나 응용 수학을 통해 도입된 것에 불과하다면, 우리는 이로부터 어떤 결론도 도출할 수 없다.

자연이 단지 응용 수학의 개념에 따라 작동하는 것으로 밝혀졌다면 아무것도 증명할 수 없을 것이다. 이러한 개념들은 인간이 자연의 작용에 맞게 특별히 의도적으로 설계한 것이기 때문이다.

따라서 우리의 순수 수학조차도 실제로는 잊혀진 기억이나 무의식적 기억을 바탕으로 자연의 작용을 이해하려는 노력에 불과할 정도로 우리 정신의 창조물이 아니라는 반론이 여전히 제기될 수 있다.

그렇다면 자연이 순수 수학의 법칙에 따라 작동하는 것으로 밝혀져야 한다는 것은 놀라운 일이 아니다. 물론 순수 수학자가 사용하는 개념 중 일부는 자연에 대한 경험에서 직접 가져온 것임을 부인할 수 없다.

분명한 예는 양이라는 개념이지만 너무 근본적이어서 그것이 완전히 배제된 자연의 계획을 상상하기는 어렵다. 다른 개념들 역시 적어도 경험에서 무언가를 빌려왔는데, 예를 들어 다차원 기하학은 3차원 공간에 대한 경험에서 비롯된 것이 분명하다.

그러나 순수 수학의 더 복잡한 개념이 자연의 작용에서 이식된 것이라면, 그 개념은 우리의 잠재의식 깊숙한 곳에 묻혀 있었을 것이다. 논란의 여지가 많은 이 가능성을 완전히 무시할 수는 없지만, 유한 곡면 공간 그리고 팽창하는 공간과 같은 복잡한 개념이 실제 우주의 작용에 대한 무의식적 또는 잠재의식적 경험을 통해 순수 수학에 들어왔다고 믿기는 매우 어렵다.

어쨌든 자연과 우리의 의식적인 수학적 사고가 동일한 법칙에 따라 작동한다는 사실에는 거의 이의를 제기할 수 없다. 말하자면, 자연은 우리의 변덕과 열정 또는 근육과 관절에 의해 강요된 행동이 아니라, 사고하는 정신의 행동을 모델로 삼는다.

이것은 우리의 정신이 자연에 그들의 법칙을 각인하든, 자연이 우리에게 자신의 법칙을 각인하든 상관없이 여전히 사실이며 우주를 수학적 설계로 생각하는데 충분한 정당성을 제공한다. 우리가 이미 사용한 조잡하게 의인화된 언어로 다시 돌아가서, 우리는 이미 우주가 생물학자나 공학자에 의해 계획되었을 가능성을 부정적으로 고려했다고 말할 수 있다. 그의 창조에 대한 본질적인 증거로부터 우주의 위대한 설계자는 이제 순수 수학자로 나타나기 시작한다.

개인적으로 우리의 어휘가 일상적인 경험에 제한되어 있기 때문에 이런 생각의 맥락을 정확한 단어로 표현하기는 어렵지만, 매우 시험적으로 한 단계 더 나아갈 수는 있다고 생각한다.

지상의 순수 수학자는 물질적 실체에 관심을 두지 않고 순수한 사고에 관심을 둔다. 그의 창조물은 생각에 의해 만들어질 뿐만 아니라 엔지니어의 창조물이 엔진으로 구성된 것처럼 생각으로 구성된다. 그리고 이제 자연에 대한 우리의 이해에 근본이 되는 개념들, 즉 유한한 공간, 비어 있는 공간, 그래서 한 지점이 다른 지점과 공간 자체의 속성만 다르다는 것, 4차원, 7차원과 그 이상의 차원, 영원히 확장하는 공간, 인과법칙 대신 확률법칙을 따르는 일련의 사건들, 또는 공간과 시간을 벗어나야만 완전하고 일관되게 설명할 수 있는 일련의 사건들 — 이 모든 개념이 내게는 순수한 사고의 구조물로 보인다.

예를 들어, 공간의 유한성에 대해 글을 쓰거나 강의를 해본 사람이라면 유한한 공간이라는 개념이 자기 모순적이고 무의미하다는 반론에 익숙할 것이다. 비평가들은 공간이 유한하다면 이 유한한 공간을 넘어서는 것이 가능해야 하고, 그 너머에서 더 많은 공간 외에는 무엇을 찾을 수 있겠느냐는 식으로 무한히 반복하며 공간이 유한할 수 없음을 증명한다고 말한다. 그리고 그들은 다시 공간이 확장되고 있다면 더 많은 공간이 아니라면 무엇으로 확장될 수 있겠느냐고 물으면서, 확장되는 것은 공간의 일부일 뿐이므로 공간 전체가 확장될 수 없다는 것을 증명한다고 말한다.

이러한 발언을 하는 20세기 비평가들은 여전히 19세기 과학자들의 사고방식에 머물러 있다. 그들은 우주가 물질적 표현을 인정해야 한다는 것을 당연하게 여긴다. 만약 우리가 그들의 전제를 인정한다면, 그들의 논리는 반박할 수 없기 때문에 우리는 그들의 결론, 즉 우리가 말도 안 되는 이야기를 하고 있다는 결론도 인정해야 한다고 생각한다. 그러나 현대과학은 어떤 대가를 치르더라도 우주의 유한성을 주장하기 때문에 그들의 결론을 인정할 수 없다. 물론 이것은 비평가들이 무의식적으로 가정하는 전제를 부정해야 한다는 것을 의미한다.

우주는 물질적 표현을 인정할 수 없으며, 그 이유는 그것이 단순한 정신적 개념이 되었기 때문이라고 생각한다. '배제 원리'로 대표되는 다른 기술적 개념도 마찬가지인데, 이는 마치 우주의 모든 부분이 멀리 떨어진 다른 부분이 무엇을 하고 있는지 알고 그에 따라 행동하는 것처럼 공간과 시간 모두에서 일종의 '원거리 행동'을 암시하는 것처럼 보인다.

나는 자연이 따르는 법칙은 기계가 움직일 때 따르는 법칙보다는 음악가가 푸가를 작곡할 때나 시인이 소네트를 쓸 때 따르는 법칙과 더 비슷하다고 생각한다.

정신과 물질의 관계

전자와 원자의 움직임은 기관차 부품의 움직임보다는 댄서들의 움직임과 비슷하다. 그리고 '물질의 진정한 본질'을 영원히 알 수 없다면, 댄서들이 실제 무도회에서 춤을 추든, 영화 스크린에서 춤을 추든, 보카치오의 이야기에서 춤을 추든 그것은 중요하지 않다. 이 모든 것이 사실이라면 우주는 비록 여전히 매우 불완전하고 불충분하지만 순수한 생각, 더 넓은 의미에서 수학적 사고라고 표현해야 할 생각으로 구성된 것이라고 가장 잘 묘사될 수 있다.

그래서 우리는 정신과 물질의 관계에 대한 문제의 핵심으로 다가선다. 멀리 떨어져 있는 태양은 원자 교란으로 인해 빛과 열을 방출한다. 8분 동안 '에테르를 통과'한 후 이 방사선의 일부는 우리 눈에 떨어질 수 있으며, 시신경을 따라 뇌로 이동하는 망막에 장애를 일으킬 수 있다. 여기에서 정신에 의해 감각으로 인식된다.

이것은 우리의 생각을 행동으로 설정하고 일몰에 대한 시적인 생각을 불러일으킨다. A, B, C, D … X, Y, Z로 이어지는 연속적인 사슬이 존재하며, 시적인 생각인 A는 생각하는 정신인 B, 뇌인 C, 시신경인 D를 거쳐 태양의 원자 교란인 Z와 연결된다. 종소리가 멀리 떨어진 종 줄을 당겨서 울리는 것처럼, 생각 A는 멀리 떨어져 있는 교란 Z에서 비롯된다.

물질적인 밧줄을 당기면 물질적인 종소리가 울릴 수 있다는 것은 물질적인 연결이 있기 때문에 이해할 수 있다. 그러나 물질 원자의 교란이 어떻게 시적 사유를 일으킬 수 있는지 이해하기는 훨씬 어렵다. 왜냐하면 이 둘은 본질적으로 완전히 다르기 때문이다.

이러한 이유로 데카르트는 정신과 물질 사이에는 어떤 연결도 있을 수 없다고 주장했다. 그는 물질의 본질은 공간의 확장이고 정신의 본질은 사고라는 완전히 별개의 두 가지 종류의 실체라고 믿었다. 따라서 그는 정신과 물질이라는 두 개의 별개의 세계가 서로 만나지 않고 평행선을 달리며 독립적으로 존재한다고 주장했다.

버클리Berkeley와 관념론자들은 정신과 물질이 근본적으로 다른 성질을 가지고 있다면 결코 상호작용할 수 없다는 데카르트의 의견에는 동의했지만, 그것들이 지속적인 상호작용을 한다고 주장했다. 따라서 그들은 물질은 정신과 같은 본질을 가져야 하며, 데카르트의 용어를 빌리자면 물질의 본질은 확장된 것이 아니라 사유된 것이어야 한다고 주장했다.

이들의 주장을 구체적으로 설명하면, 원인은 그 결과와 본질적으로 동일한 성질을 가져야 하며, 연속적인 사슬에서 B가 A를 생성한다면 B는 A와 동일한 본질적 성질을 가져야 하고, C는 B와 동일한 본질적 성질을 가져야 한다는 것이었다. 따라서 Z도 A와 본질적으로 동일한 성질을 가져야 한다.

이제 우리가 직접적으로 알고 있는 사슬의 유일한 연결고리는 우리 자신의 생각과 감각 A, B이다. 우리는 감각을 통해 우리의 정신에 전달되는 효과로부터 추론을 통해서만 원격 연결고리 X, Y, Z의 존재와 성질을 알 수 있다.

버클리는 미지의 원거리 연결고리 X, Y, Z는 알려진 근거리 연결고리 A, B와 같은 성질을 가져야 한다고 주장하면서, '결국 생각 외에는 생각과 같은 것은 없기 때문에 생각이나 관념의 성질을 가져야 한다'고 주장했다. 그러나 생각이나 관념은 존재할 정신 없이는 존재할 수 없다. 우리가 어떤 대상을 의식하는 동안에는 그 대상이 정신 속에 존재한다고 말할 수 있지만, 우리가 의식하지 않는 시간 동안의 존재는 설명할 수 없다.

예를 들어, 명왕성은 인간이 알아채기 훨씬 전부터 존재하고 있었고, 인간의 눈으로 보기 훨씬 전부터 그 존재를 사진판에 기록하고 있었다. 버클리는 이러한 점을 고려하여 모든 대상이 정신 속에 존재해 있는 영원한 존재Eternal Being를 가정했다. 그래서 그는 흘러간 시대의 위엄 있고 웅장한 어조로 자신의 철학을 다음과 같은 말로 요약했다.

"천상의 합창단과 지상의 부속품, 한마디로 세상의 거대한 틀을 구성하는 모든 물체는 정신 없이는 그 어떤 실체도 없다.…… 그것들이 실제로 나에게 인식되지 않거나 내 정신이나 다른 창조된 영혼의 정신에 존재하지 않는 한, 그것들은 전혀 존재하지 않거나 그렇지 않으면 어떤 영원한 영혼 Eternal Spirit의 정신 속에 존재해야 한다.”

현대 과학은 전혀 다른 길을 통해 완전히 다르지 않은 결론에 도달하는 것 같다.

사슬의 이전 연결고리인 A, B, C, D 사이의 연결을 연구하는 생물학은 이들이 모두 동일한 일반적인 성질을 갖고 있다는 결론을 향해 나아가고 있는 것 같다. 생물학자들은 C, D가 기계적이고 물질적이라고 믿기 때문에 A, B도 기계적이고 물질적이어야 한다는 구체적인 형식으로 말하기도 하지만, A, B가 정신적이기 때문에 C, D도 정신적이어야 한다는 형식으로 말해도 최소한 동등한 근거는 있을 것 같다.

물리학은 C, D에 대해 거의 신경 쓰지 않고 사슬의 맨 끝으로 직접 나아간다. 물리학의 관심사는 X, Y, Z의 작용을 연구하는 것이다. 그리고 내가 보기에 그 결론은, 우리가 우주 전체로 가든지 원자의 가장 안쪽 구조로 가든지 사슬의 마지막 연결고리는 순수한 사고의 본질인 A, B와 같은 성질을 갖고 있다. 즉, 우리는 버클리의 결론에 도달하지만 다른 끝으로부터 그 결론에 도달하게 된다.

이 때문에 우리는 버클리의 세 가지 대안 중 마지막 대안에 먼저 도달하게 되고, 그에 비해 다른 대안은 중요하지 않은 것으로 보인다. 사물이 '내 정신 속에 존재하는지, 아니면 창조된 다른 영혼의 정신 속에 존재하는지'는 중요하지 않으며, 사물의 객관성은 '어떤 영원한 영혼의 정신 속에' 존재한다는 데서 비롯된다.

이것은 우리가 실재론을 완전히 버리고 그 자리에 철저한 관념론을 세우자고 제안하는 것처럼 보일 수 있다. 그러나 이것은 상황을 너무 조잡하게 표현한 것이라고 생각한다. '실체의 진정한 본질'이 우리의 지식을 넘어서는 것이 사실이라면, 실재론과 관념론의 경계는 매우 모호해지며, 현실과 메커니즘이 동일하다고 믿었던 과거 시대의 유물에 지나지 않게 된다.

자연의 법칙은 보편적인 사고법칙이다

객관적인 실체는 존재한다. 어떤 사물이 당신의 의식과 나의 의식에 같은 방식으로 영향을 미치기 때문이지만, 우리가 그것들을 '실재'나 '관념'으로 분류한다면 우리는 가정할 권리가 없는 것을 가정하는 것이다.

전문 수학자의 연구뿐만 아니라 순수한 사고 전체를 의미한다는데 동의할 수 있다면 진정한 라벨은 '수학적'이라고 생각한다. 이러한 라벨은 사물의 궁극적인 본질이 무엇인지를 암시하는 것이 아니라 단지 사물이 어떻게 작동하는지에 대한 어떤 것을 암시할 뿐이다.

물론 우리가 선택한 라벨이 물질을 환각이나 꿈의 범주로 강등시키는 것은 아니다. 물질 우주는 예전과 마찬가지로 여전히 실재하며, 이 말은 과학적 또는 철학적 사고의 모든 변화를 통해서도 사실로 남아있어야 한다고 생각한다.

실재성은 물체가 우리의 촉각에 미치는 직접적인 영향을 측정하는 순전히 정신적인 개념이기 때문이다. 우리는 돌이나 자동차는 실재하는 반면 메아리나 무지개는 실재하지 않는다고 말한다. 이것은 단어의 일반적인 정의이며, 돌과 자동차가 어떤 식으로든 비실체적이거나 덜 실체적일 수 있다고 말하는 것은 단순한 부조리이며 용어의 모순이다. 왜냐하면 우리는 이제 그것들을 단단한 입자의 집단이 아니라 수학적 공식과 생각 또는 빈 공간의 비틀림과 연관시키기 때문이다.

존슨 박사는 버클리의 철학에 대한 자신의 의견을 밝히면서 자신의 발을 돌에 부딪치며 '아니요, 선생님, 저는 이렇게 반증합니다.'라고 말했다고 한다.

물론 이 작은 실험은 해결하고자 했던 철학적 문제와는 아무런 관련도 없으며, 단지 물질의 실재성만 입증했을 뿐이다. 과학이 아무리 발전해도 돌 그리고 돌의 등급은 우리가 실체의 질을 정의하는 기준이 되기 때문에 돌은 항상 실체로 남아 있어야 한다.

어떤 어린 소년이 몰래 벽돌을 넣어둔 모자를 돌이 아닌 모자로 착각해 차버릴 기회가 있었다면, 사전학자가 버클리 철학론자의 철학을 정말로 반증했을지도 모른다는 제안이 있다.

'놀라움의 요소는 외부 현실에 대한 충분한 보증'이며 '두 번째 보증은 변화를 동반한 영속성, 즉 자신의 기억 속의 영속성, 외부의 변화'라고 우리는 들었다.

물론 이것은 '이 모든 것은 내 정신의 창조물이며 다른 정신에는 존재하지 않는다'는 유아주의적 오류를 반증할 뿐이지만, 이것을 반증하지 않는 삶에서는 어떤 것도 하기 어렵다. 놀라움과 일반적인 새로운 지식에서 비롯된 주장은 보편적인 정신의 개념에 대해 무력하다. 각각의 개별 뇌세포는 뇌 전체를 통과하는 모든 생각을 알 수 없다.

그러나 우리가 실체를 측정할 수 있는 절대적인 외적 기준이 없다고 해서 두 사물의 실체가 같거나 다르다는 말을 배제할 수는 없다. 꿈속에서 돌에 발을 부딪치면 통증을 느끼며 깨어나

꿈속의 돌이 말 그대로 내 발에서 시작된 신경 충동에 의해 촉발된 내 정신과 나만의 창조물이라는 것을 알게 될 것이다.

이 돌은 환각이나 꿈의 범주를 대표할 수 있지만, 존슨이 발로 찼던 돌보다는 분명히 덜 실체적이다. 개인 정신의 창조물은 보편적 정신의 창조물보다 덜 실체적이라고 할 수 있다. 우리가 꿈에서 보는 공간과 일상생활의 공간 사이에도 비슷한 구분이 있어야 한다. 후자는 우리 모두에게 동일한 보편적인 정신의 공간이다. 시간도 마찬가지여서, 우리 모두에게 동일한 속도로 흐르는 깨어있는 삶의 시간도 보편적인 정신의 시간이다. 또한 우리가 깨어있는 시간 동안 현상들이 따르는 법칙, 즉 자연의 법칙을 보편적인 정신의 사고법칙으로 생각할 수 있다. 자연의 균일성은 이런 정신의 자기 일관성을 분명하게 나타낸다.

우주는 순수한 사유의 세계다

우주를 순수한 사유의 세계로 보는 이 개념은 현대물리학을 연구하는 과정에서 마주쳤던 많은 상황들에 새로운 빛을 던져 준다. 이제 우리는 우주의 모든 사건들이 일어나던 곳인 에테르가 어떻게 수학적 추상개념으로 축소되었는지, 그리고 위도선과 경도의 자오선처럼 추상적이고 수학적인 것이 될 수 있는지 알 수 있다. 또한 우주의 기본적인 실체인 에너지가 미분 방정식의 적분 상수라는 수학적 추상개념으로 취급되어야 했던 이유도 알 수 있다.

물론 이 개념은 현상에 대한 최종적인 진실은 그 현상에 대한 수학적 설명에 있으며, 그 설명에 결함이 없는 한 현상에 대한 우리의 지식은 완전하다는 것을 의미한다.

수학적 공식을 이해하는 데 도움이 되는 모델이나 그림을 찾을 수 있지만, 이를 기대할 권리는 없으며 그러한 모델이나 그림을 찾지 못했다고 해서 우리의 추론이나 지식이 잘못되었다는 것을 의미하지는 않는다. 수학 공식과 그 공식이 설명하는 현상을 설명하기 위해 모델이나 그림을 만드는 것은 현실을 향한 발걸음이 아니라 현실에서 한 발짝 멀어지는 것이며, 마치 영혼의 이미지를 새겨 넣는 일과 같다.

사자(使者), 전령, 음악가, 도둑 등 다양한 활동을 주관하는 헤르메스* 신의 조각상들이 모두 똑같이 생겼으면 좋겠다고 기대하는 것만큼이나 이러한 다양한 모델이 서로 일치하기를 기대하는 것은 비합리적이다.

헤르메스가 바람이라고 말하는 사람들도 있다. 그렇다면 그

---

* 그리스 신화에 나오는 여행의 신. 상업, 도둑, 거짓말쟁이의 교활함을 주관하는 신이며, 주로 신의 뜻을 인간에게 전하는 전령 역할을 한다.

의 모든 속성은 압축 가능한 유체의 운동 방정식 이상도 이하도 아닌 수학적 설명에 담겨 있다. 수학자는 메시지의 전달과 발표, 음악적 음색의 생성, 종이 날리기 등을 나타내는 이런 방정식의 다양한 측면을 어떻게 선택해야 하는지 알고 있을 것이다. 그는 헤르메스를 떠올리기 위해 헤르메스 조각상이 거의 필요하지 않지만, 조각상에 의존해야 한다면 모두 다른 전체 행만으로도 충분할 것이다.

그럼에도 불구하고 일부 수리물리학자들은 여전히 파동역학의 개념을 그림으로 표현하기 위해 바쁘게 연구하고 있다. 간단히 말해, 수학 공식은 사물이 무엇인지 알려줄 수 없고 어떻게 작동하는지만 알려줄 수 있으며, 물체의 속성을 통해서만 물체를 자세히 설명할 수 있다. 그리고 이러한 속성은 일상생활의 거시적인 대상의 속성과 완전히 일치할 가능성은 없다.

이런 관점은 현재의 물리학이 마주하는 많은 어려움과 명백한 모순에서 벗어날 수 있게 해준다. 빛이 입자 또는 파동으로 구성되어 있는지 더 이상 논의할 필요가 없으며, 빛의 거동을 정확하게 설명하는 수학 공식을 찾았다면 빛에 대해 알아야 할 모든 것을 알고 있는 것이며, 현재의 기분이나 편의에 따라 입자 또는 파동으로 생각할 수 있다.

파동으로 생각하는 날에는 파동을 전달하는 에테르를 상상할 수 있지만, 이 에테르는 날마다 달라질 것이다. 우리의 운동 속도가 달라질 때마다 에테르가 어떻게 달라지는지 확인했다.

마찬가지로 전자 그룹의 파동계가 3차원 또는 다차원 공간에 존재하는지, 아니면 전혀 존재하지 않는지에 대해 논의할 필요가 없다. 이것은 수학 공식으로 존재하며, 이것만이 궁극적인 실재를 표현하는 것이며, 우리는 원할 때마다 3차원, 6차원 또는 그 이상의 파동을 나타내는 것으로 그려볼 수 있다.

또한 파동을 전혀 나타내지 않는 것으로 해석할 수도 있다. 그렇게 하면 하이젠베르크와 디랙을 따르게 되는 것이다. 거시적 우주를 3차원 물체의 배열로만 해석하고 그 현상을 4차원의 사건의 배열로만 해석하는 것이 가장 단순한 것처럼, 개별적인 전자가 3차원의 공간에서 파동을 나타낸다고 해석하는 것이 일반적으로 가장 간단하지만, 이러한 해석 중 어느 것도 유일하거나 절대적인 타당성을 갖지는 않는다.

이 견해에 따르면, 우리가 시공간이라고 부르는 텅 빈 비눗방울과 우리 의식의 접촉의 본질에서 신비를 찾을 필요가 없다. 그것은 단지 책을 읽거나 음악을 듣는 것처럼 정신과 정신의 창조물 사이의 접촉으로 축소되기 때문이다. 이러한 관점에서 볼 때 우주의 광활함과 공허함, 그리고 그 안에서 우리 자신의 미미한 크기에 대해 당황하거나 걱정할 필요가 없다는 점을 덧붙일 필요는 없을 것이다.

우리는 우리 자신의 생각이 만들어내는 구조의 크기나 다른 사람들이 상상하고 묘사하는 구조의 크기에 겁을 먹지 않는다. 듀 모리에du Maurier의 이야기 속에서 피터 이벳슨Peter Ibbetson과 타워 공작부인Duchess of Towers은 계속해서 거대한 꿈의 궁전과 계속 늘어나는 꿈의 정원을 지었지만, 자신들의 정신적 창조물의 크기에 대해선 아무런 공포를 느끼지 않았다.

순환 우주라는 반론

우주의 광대함은 경외감보다 만족감의 문제가 되고, 우리는 결코 평범하지 않은 도시의 시민이 된다. 다시 말하지만, 우리는 우주의 유한성에 대해 고민할 필요가 없으며, 꿈속에서 우리의 시야를 가두었던 네 개의 벽 너머에 무엇이 있는지 호기심을 느끼지 않게 된다.

공간이 그렇듯이 유한한 범위로 생각해야 하는 시간도 마찬가지이다. 시간의 흐름을 거꾸로 추적하다 보면, 우리는 충분히 긴 여정의 끝에서 현재의 우주가 존재하지 않았던 시간, 즉 그 근원에 도달해야 한다는 많은 징후들과 마주치게 된다.

자연은 영구운동기계를 싫어하며, 자연이 혐오하는 메커니즘의 예시를 우주가 대규모로 제공할 가능성은 선험적으로 매우 낮다. 그리고 자연에 대한 자세한 고찰은 이것을 확인시켜준다.

열역학은 자연의 모든 것이 '엔트로피의 증가'라는 과정을 통해 최종 상태에 이르는 방법을 설명한다. 엔트로피는 영원히 증가해야 하며, 더 이상 증가할 수 없을 정도로 증가하기 전까지는 가만히 멈춰 있을 수 없다.

이 단계에 도달하면 더 이상의 발전은 불가능하고 우주는 죽게 될 것이다. 따라서 과학의 모든 분야가 틀리지 않는 한, 자연은 말 그대로 진행과 죽음이라는 두 가지 대안만 허용할 것이다. 자연이 허용하는 유일한 정지 상태는 파멸의 고요함뿐이다.

많지는 않지만 일부 과학자들은 이 마지막 견해에 반대할 것이다. 그들은 현재의 별들이 녹아 방사선으로 변하고 있다는 사실에는 이의를 제기하지 않지만, 우주 저 깊은 곳 어딘가에서 이 방사선이 다시 물질로 굳어질 수 있다고 주장한다.

그들은 새로운 하늘과 땅이 낡은 것의 재가 아니라 낡은 것의 연소로 인해 방출되는 방사선으로 만들어지고 있는 과정일 것이라고 제시한다. 이러한 방식으로 그들은 한 곳에서 죽는 동안 그 죽음의 산물이 다른 곳에서 새로운 생명을 생산하기 위해 바쁘게 움직이는 순환우주cyclic universe를 주장한다.

이러한 순환우주 개념은 엔트로피가 영원히 증가해야 한다는 잘 정립된 열역학 제2법칙의 원칙과 완전히 상반되며, 영구 운동기계가 불가능한 것과 동일한 이유로 순환우주도 불가능하다. 이 법칙이 우리가 전혀 알지 못하는 천문학적 조건에서 틀릴 수도 있다는 것은 확실히 상상할 수 있지만, 대다수의 진지한 과학자들은 그럴 가능성은 매우 희박하다고 생각한다.

물론 순환우주라는 개념이 훨씬 더 대중적이라는 사실은 부인할 수는 없다. 대부분의 사람들은 우주의 최종적인 붕괴를 자기 인격이 붕괴되는 것만큼이나 불쾌한 생각으로 여기며, 개인적인 불멸을 추구하는 인간의 노력은 불멸하는 우주를 추구하는 보다 정교한 노력에 상응하는 거시적인 대응책을 갖고 있다.

보다 정통적인 과학적 견해는 우주의 엔트로피가 최종적인 최대값까지 영원히 증가해야 한다는 것이다. 아직 여기에 도달하지 않았다. 만약 도달했다면 우리는 그것에 대해 생각하지 말아야 한다. 우주는 여전히 빠르게 증가하고 있으며, 따라서 시작이 있었을 것이다. 무한히 멀리 떨어져 있지 않은 시점에 우리가 '창조'라고 묘사할 수 있는 것이 있었음에 틀림없다.

우주가 생각의 우주라면 우주의 창조도 생각의 행위임에 틀림없다. 실제로 시간과 공간의 유한성은 그 자체로 창조를 생각의 행위로 상상하게 만들며, 우주의 반지름과 그것이 포함하고 있는 전자들의 수와 같은 상수의 결정은 생각을 암시하며, 생각의 풍부함은 이러한 양의 광대함에 의해 측정된다.

기계적 해석에 대한 편견

생각의 배경이 되는 시간과 공간은 이 행위의 일부로서 생겨났을 것이다. 원시 우주론에서는 창조주가 이미 존재하는 원재료로 해와 달과 별을 만들어 시간과 공간 속에서 작업하는 모습을 그려냈다.

현대과학 이론은 화가가 캔버스 밖에 있는 것처럼 창조주가 창조의 일부인 시간과 공간 밖에서 작업하는 것으로 생각하도록 강요한다. 이는 어거스틴의 추측과 일치한다. '시간이 아니라 시간과 함께 하나님이 세상을 지으셨습니다.' 실제로 이 신조는 플라톤까지 거슬러 올라간다:

> "시간과 하늘은 같은 순간에 존재하게 되었는데, 이는 그것들이 언젠가는 해체된다면 함께 해체될 수 있도록 하기 위해서였다. 이것이 시간을 창조한 신의 정신과 생각이었다."

하지만 우리는 시간을 제대로 이해하지 못하기 때문에 어쩌면 시간 전체를 창조 행위, 즉 생각의 구체화와 비교해야 할지도 모른다.

우리의 모든 주장이 물리세계에 대한 현재의 수학적 해석이 어떤 식으로든 유일하며 최종적인 것으로 판명될 것이라는 가정에 근거하고 있다는 반론이 제기될 수 있다.

다시 비유를 들자면, 현실을 체스 게임으로 묘사하는 것은 편리한 허구일 뿐이며, 다른 허구에서도 그림자의 움직임을 똑같이 잘 묘사할 수 있다고 말할 수 있다. 대답은 우리가 현재 알고 있는 한, 다른 허구들은 그림자의 움직임을 그렇게 완전하고, 단순하고, 적절하게 묘사하지 못한다는 것이다.

체스를 두지 않는 사람은 '말의 머리가 받침대에 꽂혀있는 것처럼 보이도록 조각된 흰색 나무 조각을 오른쪽 모서리에 있는 아래쪽 사각형에서 가져와서⋯⋯' 와 같이 말할 것이다. 체스 플레이어는 '화이트를 Kt에서 KB3으로 이동'이라고 말하며, 그의 설명은 이 움직임을 완전하고 간략하게 설명할 뿐만 아니라 더 큰 계획과도 연관시킨다. 과학에서 우리의 지식이 불완전한 한, 가장 단순한 설명은 그 단순함에 비례하여 설득력을 갖는다. 그리고 그것은 단순한 단순함 이상의 가치를 지니고 있어서, 진실한 설명일 확률이 가장 높다.

따라서 수학적 설명이 최종적이거나 가장 단순한 설명이 아닐 수도 있다는 점을 충분히 인정해야 하지만, 지금까지 발견된 것 중 가장 단순하고 완전하다. 그렇기 때문에 현재의 지식에 비추어볼 때 진실에 가장 근접한 설명일 가능성이 가장 크다고 주저 없이 말할 수 있다.

일부 독자는 자연에 대한 현재의 수학적 해석이 새로운 기계적 해석의 중간 단계에 불과하다는 이유로 이에 동의하지 않을 수 있다.

현대인의 정신에는 기계적 해석에 대한 편견이 있다고 생각한다. 일부는 우리가 일찍부터 과학적 훈련을 받았기 때문일 수 있고, 일부는 일상적인 사물이 기계적인 방식으로 작동하는 것을 지속적으로 목격했기 때문에 기계적인 설명이 자연스럽고 이해하기 쉬워 보이기 때문일 수 있다. 그러나 상황을 완전히 객관적으로 조사해 보면, 역학은 과학적 측면과 철학적 측면 모두에서 이미 총알을 쐈고 처참하게 실패했다는 사실을 알 수 있다. 수학을 대체할 수 있는 무언가가 있다면, 그것이 역학이 될 가능성은 매우 희박해 보인다.

우주는 위대한 생각이다

이러한 문제들은 확률의 관점에서만 논의할 수 있다는 점을

간과하는 경우가 너무 많다. 과학자는 항상 자신의 견해를 바꾼다는 비난에 익숙해져 있으며, 그의 말을 너무 심각하게 받아들일 필요가 없다는 의미도 함께 내포하고 있다.

지식의 강을 탐험할 때 때때로 본류를 따라 계속 가지 않고 역류로 내려간다는 것은 진정한 비난이 아니며, 어떤 탐험가도 역류에 내려가기 전까지는 역류가 그런 것인지, 그 이상은 아무것도 확신할 수 없다. 더 심각하고 탐험가가 통제할 수 없는 것은 그 강이 구불구불한 강이며 지금은 동쪽으로, 나중에는 서쪽으로 흐른다는 것이다.

어느 순간 탐험가는 '나는 하류로 내려가고 있는데, 서쪽을 향해 가면서 현실인 바다는 서쪽 방향에 있을 가능성이 가장 높아 보인다'고 말한다. 그리고 나중에 강이 동쪽으로 방향을 틀었을 때 그는 '이제 현실은 동쪽에 있는 것처럼 보인다.'라고 말한다.

지난 30년을 살아온 과학자라면 강물이 앞으로 나아갈 방향이나 현실이 놓여 있는 방향에 대해 지나치게 독단적이지 않을 것이다. 그는 자신의 경험을 통해 강이 영원히 넓어질 뿐만 아니라 반복적으로 굽이치는 것을 알고 있으며, 많은 실망 끝에 마침내는 무한한 바다의 웅얼거림과 향기 앞에 있다는 생각을 매번 포기해 왔다.

이러한 경고를 염두에 둔다면, 적어도 지난 몇 년 동안 지식의 강이 급격히 굽어졌다고 말하는 것이 안전할 것 같다. 30년 전만 해도 우리는 기계적인 종류의 궁극적인 현실을 향해 나아가고 있다고 생각하거나 가정했다. 그것은 원자들의 우연한 뒤섞임으로 이루어져 있으며, 맹목적인 목적 없는 힘의 작용에 따라 한동안 무의미한 춤을 추다가 다시 떨어져 죽은 세계를 형성할 운명인 것처럼 보였다.

이 완전히 기계적인 세계에, 똑같은 맹목적인 힘의 작용으로 생명체가 우연히 발을 디딘 것이다. 이 원자 우주의 작은 구석 하나, 어쩌면 여러 개의 작은 구석이 잠시 의식을 가질 기회를 얻었지만 결국에는 여전히 맹목적인 기계적인 힘의 작용에 의해 얼어붙어 다시 생명이 없는 세계로 돌아갈 운명이었다.

오늘날 과학의 물리적 측면에서는 지식의 흐름이 비기계적인 현실을 향해 가고 있다는데 거의 만장일치에 가까운 광범위한 동의가 이루어지고 있으며, 우주는 위대한 기계보다는 위대한 생각처럼 보이기 시작한다. 정신은 더 이상 물질의 영역에 우발적으로 침입한 존재가 아니라, 우리 개개인의 정신이 아니라, 우리 개개인의 정신이 성장한 원자가 생각으로 존재하는, 물질 영역의 창조자이자 통치자로서 환영해야 한다고 의심하기 시작했다.

새로운 지식은 우리가 생명과 무관심하거나 생명에 적극적으로 적대적인 우주에 우연히 발을 들여놓았다는 성급한 첫인상을 수정하도록 강요한다.

적대감의 주된 원인이었던 정신과 물질의 오래된 이원론은 물질이 이전보다 더 그림자나 비실체가 되거나 정신이 물질의 작용의 기능으로 해결되는 것이 아니라 실질적인 물질이 스스로를 정신의 창조와 표현으로 해결함으로써 사라질 가능성이 있는 것 같다.

우리는 우주가 감정, 도덕성 또는 미적 감상이 아닌, 더 나은 표현이 필요하지만 수학적이라고 묘사할 수 있는 방식으로 사고하는 경향이라는 우리 개인의 마음과 공통점을 가진 설계 또는 통제력의 증거를 보여준다는 것을 발견한다.

그리고 그 안의 많은 부분이 생명의 물질적인 부속물에 적대적일 수 있지만, 많은 부분이 생명의 근본적인 활동과 유사하다. 우리는 처음에 생각했던 것처럼 우주의 이방인이나 침입자가 아니다. 생명의 속성을 처음 예고하기 시작한 태초의 점액질 속 불활성 원자들은 우주의 근본적인 본질에 더 많이, 아니 더 적게 자신을 내맡기고 있었다.

그래서 적어도 오늘날 우리는 추측을 하고 싶은 유혹을 받고 있지만, 지식의 흐름이 얼마나 더 많이 저절로 시작될지 누가 알 수 있을까? 그리고 이러한 성찰을 바탕으로, 모든 단락에 덧붙여 말했던 모든 것, 그리고 잠정적으로 제시한 모든 결론은 솔직히 추측이며 불확실하다는 결론을 내릴 수 있을 것이다.

우리는 어쩌면 인간의 이해 범위를 영원히 넘어설지도 모르는 어려운 질문에 대해 현재의 과학이 어떤 말을 할 수 있는지 논의하려고 노력했다.

우리는 기껏해야 아주 희미한 빛 이상을 식별했다고 주장할 수는 없다. 아마 그것은 전적으로 환상이었을 것이다. 왜냐하면 우리는 무언가를 조금이라도 보기 위해선 눈을 매우 힘들게 긴장시켜야만 했기 때문이다. 따라서 우리의 주된 주장은 오늘날의 과학이 어떤 선언을 해야 한다는 것이 아니라, 오히려 과학이 선언을 하지 말아야 한다는 것이어야 할 것이다. 지식의 강은 너무 자주 스스로를 되돌려 놓았다.

과학 커뮤니케이터의 시대를 열다

1905년에 발표된 아인슈타인의 상대성이론과 1920년대에 등장한 양자이론은 공간과 시간 그리고 물질에 대한 기존의 개념을 완전히 바꾸어 놓았다. 뉴턴의 역학을 바탕으로 200년 넘게 이어져온 근대과학은 막이 내리고 전혀 새로운 현대과학의 시대가 열리게 되었다.

과학은 이제 법학이나 의학과 같은 전문직업화 과정을 거치면서 일반적인 교양 수준에서는 이해하기 어려운 학문이 되었다. 그래서 대중들이 과학을 쉽게 이해할 수 있도록 강연과 책을 통한 과학 대중화(popularization)의 흐름이 나타나게 되었다. 특히 영국에서는 1920년대와 1930년대에 새로운 물리학을 일반인들에게 설명하는 과학대중서들이 속속 등장하게 되었으며 엄청난 인기를 얻었다. 그런 책들 중에서 1930년에 출판된 제임스 진스의 《과학이 우주를 만났을 때The Mysterious Universe》만큼 성공적인 책은 없었다.

제임스 진스는 1904~1912년까지 케임브리지와 프린스턴 대학교에서 응용수학을 가르쳤다. 1919년에 출간한 논문《우주론과 별의 역학 문제》로 케임브리지 대학교의 아담스 상을 수상했다. 1913년부터 1928년까지 35편 이상의 천문학 논문을 발표했으며, 1929년 이후로 과학 연구를 떠나 과학 대중화에 전념하기 시작했다.

물리학은 그가 과학 연구자로 일하던 마지막 10년 동안 대중의 상상력을 강하게 자극하는 학문이 되었다. 1919년 3월 29일 영국의 천문학자인 에딩턴이 개기일식을 관찰하면서 태양 근처를 지나가는 별빛이 실제로 휘어진다는 것을 확인했다. 그 후로 일반 상대성이론을 발표한 아인슈타인은 세계적인 슈퍼스타이자 국제 과학 및 현대 세계의 아이콘이 되었다.

새롭고 혁명적인 우주를 설명하는 과학대중서에 대한 수요가 폭발적으로 늘어났다. 에딩턴은 1920년 최초의 과학대중서라 할《공간, 시간, 중력: 일반 상대성이론의 개요》를 발표했다. 아인슈타인 역시 상대성이론의 대중화를 위해 1916년에 상대성이론 해설서를 발표했다. 이후 상대성이론에 관한 수많은 책들이 출간되면서 1920년대와 1930년대에는 이른바 '아인슈타인 붐'이라고 부르는 대중 물리학 출판이 시작되었다.

버트런드 러셀이나 존 설리번과 같은 유명 작가들이 쓴 상대성이론에 대한 대중서들이 계속 출간되었지만, 시장을 지배한 것은 더 폭넓은 시각을 가진 책들이었다. 대부분의 과학 커뮤니케이터들은 현대 물리학의 또 다른 혁명인 양자역학과 함께 새로운 물리학의 의미와 철학적 함의까지 논의했다.

제임스 진스가 케임브리지 대학 출판부의 권유로 1929년에 출간한 《우리 주변의 우주》는 즉시 베스트셀러가 되어 처음 몇 달 동안에만 11,000부 이상 판매되었다. 1930년 케임브리지 대학은 권위 있는 연례 대중연설인 리드 강연에 진스를 초청했다. 《우리 주변의 우주》의 성공에 고무된 진스는 이 강연의 확장판인 《과학이 우주를 만났을 때》를 출간했다.

케임브리지 대학 출판부는 이 책의 인기를 예상하여 초판으로 1만 부를 인쇄했다. 하지만 그것만으로는 충분하지 않았다. 출판부는 '그 후 몇 주 동안 우리의 가장 큰 관심사는 이 책의 재고를 유지하는 것이었다.'라고 밝혔다.

이 책의 출간 직후 BBC는 제임스 진스가 진행하는 주간 강연을 방송했으며, 첫 번째 강의는 BBC의 주간지 표지에 홍보되었다. 이러한 언론의 관심은 판매를 촉진했고, 1930년 말까지 영국에서만 7만 부가 판매되었다. 판매량은 1931년에도 계속 늘어나 그해 말까지 두 번째 개정판과 함께 8번이나 증쇄되었다.